FORSCHUNGSBERICHTE DES LANDES NORDRHEIN-WESTFALEN

Nr. 2167

Herausgegeben im Auftrage des Ministerpräsidenten Heinz Kühn
und des Ministers für Wissenschaft und Forschung Johannes Rau
von Leo Brandt

*Dipl.-Ing. Gerhard Diesterweg*

*Institut für Aufbereitung, Kokerei und Brikettierung
der Rhein.-Westf. Techn. Hochschule Aachen*

# Untersuchungen über den Einfluß der Temperatur der Flotationsmittel auf die Flotation von Steinkohlenschlämmen

Springer Fachmedien Wiesbaden GmbH

ISBN 978-3-663-00843-9     ISBN 978-3-663-02756-0 (eBook)
DOI 10.1007/978-3-663-02756-0

Verlags-Nr. 012167

# Inhalt

# Danksagung

Mein herzlicher Dank gilt meinem hochverehrten Lehrer, Herrn Professor Dr.-Ing. habil. Dr.-Ing. E. h. A. GÖTTE, auf dessen Anregung und unter dessen Leitung diese Arbeit durchgeführt worden ist.
Ebenso danke ich Herrn Professor Dr. rer. nat. habil. H. G. SCHÄFER für seine wertvolle Unterstützung.
Mein Dank gilt weiterhin dem Landesamt für Forschung des Landes Nordrhein-Westfalen für die Bereitstellung der Geldmittel zur Durchführung dieser Arbeit.

# 1. Einleitung und Aufgabenstellung

Berichte im Schrifttum [5]* über die Bedeutung der Erwärmung der Zusatzmittel auf die Erzflotation führten zu den Gedanken, solchen Einfluß auf die Steinkohlenflotation zu überprüfen. Über diese Untersuchungen wird in der vorliegenden Arbeit berichtet.

Die Bedeutung einer möglichen Einsparung an Flotationsmitteln wird sichtbar, wenn man bedenkt, daß nach Götte und Smidt [36] bis zu einem Drittel der Betriebskosten der Flotation von Steinkohlenschlämmen, die 1965 bei 2 DM/t Flotationsaufgabe lagen, auf Zusatzmittel entfallen, und daß mit steigender Mechanisierung im Steinkohlenbergbau der Zuwachs an feinstem Korn, das durch Flotation sortiert werden muß, verhältnismäßig hoch ist.

Es war zu prüfen, ob und in welcher Weise die Temperaturerhöhung der im Verhältnis zur Menge der Flotationstrübe geringen Zusatzmittel für das Flotationsergebnis Bedeutung erlangt. Um diese Abhängigkeit erkennen und deuten zu können, ist es erforderlich die wichtigsten Einflußgrößen, die den Flotationsvorgang bestimmen, in die Untersuchungen miteinzubeziehen. Es ist hier an die Beschaffenheit des Aufgabeguts, an die Flotationsmittel und an die Strömungsverhältnisse in Rührwerkzellen unterschiedlicher Bauart gedacht.

# 2. Übersicht über den Stand der gegenwärtigen Kenntnisse und Erfahrungen

Der Bedeutung der Erwärmung der Reagenzien in der Flotation ist bisher weder im praktischen Betrieb noch in der Forschung besondere Bedeutung geschenkt worden. Darauf mag es zurückzuführen sein, daß im Schrifttum die hiermit zusammenhängenden Fragen noch wenig behandelt worden sind.

Götte [5] berichtete 1941, daß durch Erwärmen der Flotationsmittel in der Erzaufbereitung verbesserte Flotationsergebnisse erzielt wurden. Eine Deutung dieser Ergebnisse erfolgt von Götte in Richtung einer besseren Verteilung der Flotationsmittel.

Den verschiedenartigen Zusammenhängen zwischen der Zähigkeit der Flotationsmittel und ihrer Zerteilung in der Trübe wird im Schrifttum nur wenig Platz eingeräumt. Einige Verfasser [17, 25, 52] berichten von einer Verbesserung des Flotationsergebnisses durch Emulgieren der Reagenzien mit Hilfe von Rühr- und von Strahlgeräten und von Ultraschall, nicht aber von dem Einfluß der Zähigkeit der Flotationsmittel auf ihre Zerteilung und ihre Ausbreitung in der Trübe. Diesen Fragen kommt in den vorliegenden Untersuchungen besondere Bedeutung zu.

* Die Zahlen in Klammern verweisen auf das Literaturverzeichnis am Ende der Arbeit

# 3. Vorbemerkungen

Die Erwärmung der Flotationsmittel kann deren physikalische Eigenschaften und chemisches Verhalten verändern und damit Einfluß auf den Flotationsvorgang nehmen. Es sind dabei grundsätzlich folgende Auswirkungen der Temperaturerhöhung zu erwarten:

1. Durch die Erwärmung können aus dem Flotationsmittel niedrig siedende Bestandteile entweichen; hierbei müßte es sich um Verbindungen handeln, deren Siedepunkte zwischen 20° und 80°C liegen. Darüber hinaus sind chemische Umsetzungen zwischen einzelnen Bestandteilen der Flotationsmittel denkbar.
   Diese Vermutungen sind in den Vorversuchen nicht bestätigt worden. Es wurde mit Reagenzien von 20°C flotiert, die vorübergehend auf 80°C erwärmt gewesen waren; dabei ergaben sich keinerlei Abweichungen von den Versuchsergebnissen, die mit nichterwärmten Reagenzien durchgeführt worden waren.

Für den Flotationserfolg ist demnach die Temperatur ausschlaggebend, mit der die Reagenzien in die Trübe gelangen.

2. Es ist bekannt, daß bei der Erwärmung der gesamten Trübe die chemischen und die physikalischen Vorgänge in der Flotationstrübe beeinflußt werden. Vor allem werden hier Fragen der Adsorption, der Löslichkeit und der Zähigkeit der Flotationsmittel wie des Wassers angesprochen. Benutzt man hingegen erwärmte Flotationsmittel, so findet wegen ihrer geringen Menge keine Erhöhung der Trübetemperatur statt.

3. Weitaus wichtiger ist die Tatsache, daß mit steigender Temperatur die Zähigkeit und gleichzeitig die Oberflächenspannung der Flotationsmittel erniedrigt werden. Diese Zusammenhänge sind in Anlage 1 dargestellt [1, 7]; sie läßt die unterschiedliche Abnahme von Oberflächenspannung und Zähigkeit beim Erwärmen von Äthanol, Butanol und Oktanol erkennen. Der Temperatureinfluß tritt besonders beim wasserunlöslichen Oktanol in Erscheinung.
   Mit abnehmender Zähigkeit verringert sich auch die Oberflächenspannung als die Kraft, die einen Flotationsmitteltropfen zusammenhält und der Widerstand, den der Tropfen seiner Zerteilung in der Trübe entgegensetzt.

4. Die Frage nach der Löslichkeit der Reagenzien darf nicht unberücksichtigt bleiben. Es ist bekannt, daß selbst von sogenannten wasserunlöslichen Stoffen, wie dem genannten Oktanol, geringste Mengen in Lösung gehen. Es kann mit Sicherheit ausgesagt werden, daß der Anteil der in der Trübe gelösten Flotationsmittel durch Erhöhung der Reagenztemperatur zunimmt. Dafür sind zwei Gründe zu nennen:
   a) Es wird durch die zunächst vermutete und im Abschnitt 8, Seite 38, nachgewiesene feinere Zerteilung der erwärmten Reagenztröpfchen eine wesentlich größere Flotationsmitteloberfläche geschaffen, und so die Wahrscheinlichkeit erhöht, daß Moleküle des Flotationsmittels aus deren Oberfläche in Lösung gehen.
   b) Die Wasserlöslichkeit der hier betrachteten Stoffe nimmt mit der Temperatur zu. Es bilden sich um den erwärmten Tropfen in etwa konzentrische Schalen, in deren Mitte die verhältnismäßig größte Wasserlöslichkeit angetroffen wird. Der erwärmte Tropfen und die ihn unmittelbar umgebende Wasserschicht kühlen sich zwar während des Flotationsvorganges ab, aber die geringe Anzahl der in diesen Wasserschichten gelösten Moleküle verbleibt auch dann noch in Lösung, obgleich sie als in der Kälte unlöslich gelten.

# 4. Versuchsbeschreibung

## 4.1 Versuchseinrichtung und Versuchsdurchführung

### *4.11 Versuchseinrichtung*

Die Flotationsversuche wurden in einer eisernen Spitzkastenzelle der Bauart Minerals Separation mit 6 l Inhalt durchgeführt. Die günstigste Umfangsgeschwindigkeit des Rührers wurde durch Vorversuche ermittelt; sie lag bei 6,3 m/s, was einer Drehzahl von 1140 U/min entspricht.

Außerdem wurde für die auf den Seiten 31 bis 33 behandelten Vergleichsversuche eine Laboratoriumszelle nach der Bauart Denver-Fahrenwald mit einem Fassungsvermögen von 5 l verwendet.

Abb. 1, Seite 57, zeigt in vereinfachter Darstellung die benutzten Flotationszellen.

Ein wesentlicher Unterschied in der Wirkungsweise der beiden Zellen ist in Zuführung und Verteilung der Luft zu sehen. In die M-S-Zelle wird die Luft durch die Rührflügel in die Trübe eingesaugt und eingeschlagen; bei der Denver-Zelle wird die Luft von dem Unterdruck, den der Rührflügel erzeugt, durch das Ansaugrohr – Nr. 6 in Abb. 1 – angesaugt und in die Trübe geschleudert.

Für die Flotationsversuche wird von Bedeutung sein, daß in der M-S-Zelle mit einer verhältnismäßig stark bewegten Trübeoberfläche gerechnet werden muß; ihr steht die durch einen Rost – Nr. 9 in Abb. 1 – beruhigte Trübeoberfläche der Denver-Zelle gegenüber.

Für die Untersuchungen des Einflusses der Reagenztemperatur auf die Flotation war es von großer Bedeutung, daß sich die Zusatzmittel vor dem Erreichen der Trübe nicht wieder abkühlen konnten. Dies wurde mit dem in Abb. 2, Seite 57, dargestellten Gerät erreicht, das unmittelbar über die Trübeoberfläche gehalten werden konnte, so daß eine Abkühlung der Reagenztropfen durch die Luft unterblieb. Das Gerät besteht aus dem verhältnismäßig weiten Glaszylinder 7, in dem sich ein dünnes Glasrohr 3 befindet, das zur Aufnahme der Flotationsmittel dient; an seinem oberen Ende ist der Saugball 1 mit den Ventilen 10 angebracht und am unteren Ende sitzt die Kapillare 4 zur Dosierung der Zusatzmittel.

Zur Erwärmung des Flotationsmittels auf die gewünschte Temperatur wird Wasser, dessen Temperatur mit Hilfe eines Thermostaten auf $\pm 0,2°C$ genau geregelt wird, durch die Zuleitung 2 in den Glaszylinder 7 geführt. Das Thermometer 6 gestattet eine Überprüfung der Wassertemperatur in dem Glaszylinder. Durch die Venteile 10 des Saugballs 1 wird ein tropfenweiser Ausfluß der Reagenzien aus der Kapillare 4 ermöglicht. Die Luft in dem Raum 9 wird ebenfalls auf die Temperatur des Wassers erwärmt, so daß eine Abkühlung des Flotationsmitteltropfens während seiner Ausbildung und seines Fallens in die Trübe verhindert wird.

Auf Seite 8 wurde bereits erwähnt, daß mit zunehmender Temperatur Oberflächenspannung und Zähigkeit der Flotationsmittel sinken. Dies hat zur Folge, daß der Durchmesser und damit auch das Gewicht der sich am Kapillarenende bildenden Reagenzientropfen abnehmen. Um die Vergleichbarkeit der Versuchsergebnisse zu gewährleisten, war es erforderlich, das Gewicht je Tropfen Flotationsmittel trotz verschiedener Temperaturen gleichzuhalten. Das konnte erreicht werden, indem für jedes Flotationsmittel und jede Temperaturstufe eigene Kapillaren verwendet wurden. Durch Abschleifen der sich nach unten verjüngenden Kapillare wurden sowohl ihr lichter Durchmesser als auch die Fläche, an der der Tropfen vor dem Ablösen haftet, vergrößert. Auf diese Weise wurde es ermöglicht, das Gewicht der Flotationsmitteltröpfchen auch bei veränderter Temperatur gleichzuhalten.

Zur Bestimmung des Tropfengewichts der in Anlage 5 aufgeführten Reagenzien wurde jeweils der Mittelwert von 50 Tropfen gebildet. Die Abweichung des Tropfengewichts in den verschiedenen Temperaturstufen überschritt $\pm 1$ Gew.-% nicht.

Bei den Versuchen mit Methanol und Äthanol wurden im Durchschnitt über 500- bzw. 100mal höhere Mengen als bei der Verwendung von wasserunlöslichen Reagenzien zugegeben; diese Zuteilung entspricht Angaben im Schrifttum [8]. Die tropfenweise Zugabe der Flotationsmittel wurde deshalb aufgegeben und das Glasrohr 3 gegen eine Pipette ausgetauscht.

### 4.12 Versuchsgut

Die Untersuchungen wurden mit Flotationsschlamm der Zeche Adolf des Eschweiler Bergwerk-Vereins durchgeführt.

Um das Flotationsverhalten einer jüngeren aschereicheren Kohle zu prüfen, wurde zu Vergleichsversuchen Schlamm der Zeche Emil Mayrich verwendet.

In den Anlagen 2 und 3 wird eine Übersicht über den Kornaufbau und über die Ergebnisse der Schwimm- und Sinkanalysen der Kohlenschlämme gegeben. Das grobe Korn über 0,75 mm wurde ausgesiebt. Der Anteil an Feinstkorn unter 0,1 mm betrug bei dem Schlamm der Zeche Adolf 23,6 Gew.-% mit 29,1% Asche und bei dem Schlamm der Zeche Emil Mayrisch 45,2 Gew.-% mit 49,3% Asche. Der Gehalt an zu verflüchtigenden Bestandteilen lag für Adolf-Kohle bei 21,2 Gew.-%, waf, und für die von Emil Mayrisch bei 27,8 Gew.-%, waf. Aus dem Verlauf der in Anlage 2 dargestellten Verwachsungskurven wird deutlich, daß der gröbere Schlamm der Zeche Adolf einen für die Trennung günstigeren Wichteaufbau besitzt als der durch die flacher verlaufende Verwachsungskurve gekennzeichnete Schlamm der Zeche Emil Mayrisch.

Um eine Oxydation der Kohleoberfläche während der Lagerung weitgehend zu vermeiden, wurden die Schlämme unter Wasser aufbewahrt. Zwischenversuche zeigten, daß im allgemeinen bei einer Lagerungsdauer von mehreren Monaten keine Änderung des Flotationsergebnisses durch Alterung des Schlamms festzustellen war. Nur während der ersten Woche wurde eine leichte Verschlechterung der Flotationseigenschaften des Rohschlamms beobachtet; bei gleichen Aschegehalten nahm das Mengenausbringen geringfügig ab. Nach dieser Zeit änderte sich das Flotationsverhalten nicht mehr.

Diese Beobachtungen können dadurch erklärt werden, daß die in den feinen Rissen und Kapillaren der frischen Kohleteilchen verbliebene Luft sowie der im Wasser gelöste Sauerstoff eine leichte Oxydation der Oberflächen herbeigeführt haben.

Zu den Versuchen wurde nur Schlamm herangezogen, dessen Alter zwischen 1 und 8 Wochen lag.

### 4.13 Versuchsdurchführungen

Der Feststoffgehalt der Trübe betrug bei allen Versuchen 150 g/t. Dieser günstigste Wert war in Vorversuchen ermittelt worden. Setzt man das spezifische Gewicht des Feststoffs mit 1,5 bis 1,6 g/cm³ ein, so ergibt sich damit das im praktischen Betrieb bewährte Verhältnis von Wasser zu Feststoff wie 10 zu 1.

Die Temperatur der Flotationstrübe lag immer bei 20°C, die der Flotationsmittel wurde auf 20, 40, 60 und 80°C eingestellt.

Die für die Versuche benötigten Flotationsmittelmengen sind in Anlage 5 genannt; sie wurden ebenfalls durch Vorversuche bestimmt. Ihre Zugabe erfolgte stufenweise, und zwar, wie in Anlage 5 beschrieben, zu Beginn der Versuche und nach 2,5, 5 und 7,5 min. Es wurden je Versuch nacheinander vier Konzentrate abgezogen. Die Flotationsdauer betrug jeweils 2,5 min. Vor Beginn der Flotation wurde der Schlamm 2 min lang in der Zelle gemischt, in der Denver-Fahrenwald-Zelle ohne Luftzufuhr. Die Einwirkzeit der Reagenzien betrug 10 bis 15 s.

Sofern von dieser Versuchsdurchführung abgewichen wurde, ist bei den entsprechenden Versuchen jeweils darauf hingewiesen.

Die Streubeträge von organischem Ausbringen und Mengenausbringen der unter gleichartigen Bedingungen durchgeführten Flotationsversuche wurde in Voruntersuchungen ermittelt. Die mittleren quadratischen Abweichungen betrugen – bei vergleichbaren Aschegehalten – $\pm 2,5$ Gew.-%; sie stimmen weitgehend mit dem von FLÖTER [47] angegebenen Fehlerbereich überein.

Zur Auswertung der Versuche stehen im wesentlichen drei Möglichkeiten zur Verfügung. Ermittlung von:

1. Mengenausbringen und Aschegehalt
2. Organisches Ausbringen und Aschegehalt
3. Mengenwirkungsgrad nach HEIDENREICH

Drückt man diese Werte in Formeln aus, so sind ihre Herkunft und Bedeutung klarer zu erkennen.

1. Mengenausbringen
$$v_c = \frac{q_c}{q_a}\, 100 \text{ Gew.-}\%$$

2. Organisches Ausbringen
$$o = \frac{v_c\,(100 - c)}{100 - a} \text{ Gew.-}\%$$

3. Mengenwirkungsgrad nach HEIDENREICH
$$\eta_H = \frac{v_c}{v_v}\, 100\%$$

Darin bedeuten:

| | | |
|---|---|---|
| $q_a$ | Gewicht der Aufgabe | [g] |
| $q_c$ | Gewicht des Konzentrats | [g] |
| $a$ | Aschegehalt der Aufgabe | [%] |
| $c$ | Aschegehalt des Konzentrats | [%] |
| $v_c$ | Erzieltes Mengenausbringen | [Gew.-%] |
| $v_v$ | Theoretisch mögliches Mengenausbringen nach Aussage der Verwachsungskurve des Rohschlamms | [Gew.-%] |

Die hier genannten Begriffe werden im folgenden kurz erläutert.

Das *Mengenausbringen v* ist zwar zur Beurteilung des Trennerfolges wichtig, aber es besagt nichts ohne Angabe des Aschegehalts von Schwimmgut und Aufgabe.

Durch das *organische Ausbringen o* wird der Trennerfolg genauer gekennzeichnet. Es gibt das Verhältnis des Mengenanteils der ausgeschwommenen Kohle, waf, zu dem in der Aufgabe enthaltenen an. Ein hohes organisches Ausbringen bedeutet demnach, daß ein hoher Anteil der Reinkohle ausgeschwommen wurde; bedeutet aber nichts hinsichtlich der erhaltenen Anreicherung.

Mengenausbringen und organisches Ausbringen betragen auch 100 Gew.-%, wenn keine Trennung stattgefunden hat, und der gesamte Feststoff unsortiert in das Konzentrat gelangt ist.

Auf gleichen Aschegehalt bezogen ergibt das Verhältnis von tatsächlich erzieltem und von theoretisch möglichem Mengenausbringen den *Mengenwirkungsgrad $\eta_H$* nach HEIDEN-

REICH. Der Mengenwirkungsgrad von 100% wird erreicht, wenn Verwachsungskurve und Flotationskurve zusammenfallen. Ein gleicher Mengenwirkungsgrad kann sowohl bei niedrigem als auch bei hohem Mengenausbringen erzielt werden. Deshalb ist die Beurteilung der Versuchsergebnisse durch den Mengenwirkungsgrad nur eindeutig, wenn daneben die erreichten Aschegehalte im Konzentrat und möglichst auch das Mengenausbringen genannt sind.

Eine Änderung des Aschegehalts wirkt sich naturgemäß mit zunehmender Steilheit der Verwachsungskurve stärker auf das theoretisch mögliche Mengenausbringen aus. Es ist in diesem Bereich des steilen Anstiegs der Verwachsungskurve möglich, daß eine geringfügige, noch innerhalb der Fehlergrenze liegende Schwankung des Aschegehalts den Mengenwirkungsgrad $\eta_H$ stärker beeinflußt als im flacheren Teil; dadurch kann es zu Verzerrungen zwischen den einzelnen Flotationskonzentraten kommen.

Bei der Bedeutung der Versuchsergebnisse kommt dem *Aschegehalt* besondere Bedeutung zu. Er wurde nach den hierfür verbindlichen Laboratoriumsvorschriften ermittelt, die ein zweistündiges Verbrennen bei 775°C ± 25°C des auf <0,2 mm zerkleinerten Versuchsgutes vorschreiben.

Wenn im folgenden von dem Flotationsergebnis gesprochen wird, so handelt es sich hier um eine Zusammenfassung von Mengenausbringen, Aschegehalt, organischem Ausbringen und Mengenwirkungsgrad $\eta_H$.

Das Flotationsergebnis erreicht seinen Bestwert, wenn die Flotationskurve, deren Verlauf durch Mengenausbringen und Aschegehalt des Schwimmguts bestimmt wird, sich weitgehend mit der Verwachsungskurve des Aufgabeguts deckt.


## 4.14 *Beschreibung des verwendeten Flotationsmittels*

Für die Durchführung der Versuche war die Kenntnis über mögliche Veränderungen der physikalischen und chemischen Eigenschaften der Reagenzien bei Erhöhung der Temperatur von Bedeutung.

Daher wurden zunächst eindeutig bestimmte, chemische Stoffe mit bekannter Zähigkeit und Wasserlöslichkeit verwendet, um so die Möglichkeit zu haben, Wechselwirkungen zwischen temperaturabhängiger Wasserlöslichkeit und Zähigkeit der Reagenzien einerseits und dem Flotationsvorgang andererseits zu ermitteln.

Danach sollte festgestellt werden, ob die gefundenen Ergebnisse auf die Versuche mit Teeröl und Flotol übertragbar waren. Dadurch wird die Verbindung zum praktischen Flotationsbetrieb hergestellt.

Als chemisch reine Flotationsmittel wurden verschiedene Alkohole und Xylenole für die Untersuchungen herangezogen. Diese organischen Verbindungen sind als Schäumer und in gewissem Umfange auch als schwache Sammler bekannt. Sie eignen sich in unterschiedlichem Maße für die Flotation von Steinkohlenschlämmen [8].

Als Alkohole wurden primäre Alkohole mit unverzweigten Ketten und dem im DAB 6 gekennzeichneten Reinheitsgrad verwendet.

Folgender allgemeiner Molekülaufbau ist ihnen zu eigen:

$$\text{OH} - \underset{\underset{\text{H}}{|}}{\overset{\overset{\text{H}}{|}}{\text{C}}} - \text{R} \qquad \text{R} - C_n H_{2n+1}$$

Darin ist R der Alkylrest und $n$ die Anzahl der C-Atome in diesem Alkylrest.

Die Versuche wurden mit Methanol $CH_3OH$, Äthanol $C_2H_5OH$, Butanol $C_4H_9OH$, Pentanol $C_5H_{11}OH$, Hexanol $C_6H_{13}OH$, Oktanol $C_8H_{17}OH$ und Decanol $C_{10}H_{21}OH$ durchgeführt.

Die für die Untersuchungen bedeutungsvolle Wasserlöslichkeit der Reagenzien ist aus dem Schrifttum entnommen und für die Wassertemperatur von 20°C bei 760 mm Hg in Anlage 4 angegeben.

Die kristallinen Xylenole lagen ebenfalls in Analysenreinheit vor. Zu den Versuchen wurden sie getrennt nach den in Abb. 3, Seite 58, dargestellten Meta-, Para- und Ortho-stellungen der $CH_3$-Gruppen verwendet.

Für die ergänzenden Versuche wurde das in der Steinkohlenflotation übliche, als Sammler-Schäumer verwendete Steinkohlenteeröl untersucht; es handelt sich hier um ein Teeröl der Zeche Anna des Eschweiler Bergwerkvereins des Siedebereichs 180 bis 250°C.

Aus dem Schrifttum [10, 40] ist bekannt, daß solches »Mittelöl« je nach dem Inkohlungs-grad der Kohle zu 35 bis 40 Gew.-% aus Naphtalin, zu 15 bis 30 Gew.-% aus verschiedenen Phenolen und zu 5 Gew.-% aus basischen Verbindungen besteht.

Dieses »Mittelöl« des Siedebereichs 180–250°C enthält nach KARRER [40] ungefähr 60 verschiedene organische Verbindungen, die sich unter anderem durch den Grad ihrer Wasserlöslichkeit unterscheiden.

Flotol A ist in der Erzaufbereitung als Schäumer bekannt; es kann auch für die Schwimm-aufbereitung von Steinkohlenschlämmen als Schäumer mit sammelnden Eigenschaften verwendet werden.

Nach den Angaben des Herstellers [58] ist Flotol A ein synthetischer Stoff mit einem hohen Gehalt – ungefähr 93 Gew.-% – an Terpenalkoholen. Es ist dem Pine Oil ähn-lich, zeichnet sich diesem gegenüber jedoch auf Grund seiner synthetischen Herstellung durch eine im wesentlich gleichbleibende Zusammensetzung aus, die darauf zurück-zuführen ist, daß es keine polymerisierbaren Bestandteile enthält.

## 4.2 Erörterung der Flotationsergebnisse

### 4.21 Versuche mit nicht und wenig wasserlöslichen Flotationsmitteln

Die Ergebnisse der Flotationsversuche mit Rohschlamm der Zeche Adolf sind in den Anlagen 6 und 7 und die der Zeche Emil Mayrisch in der Anlage 7 angegeben.

a) *Adolf-Schlamm*, siehe Anlage 2 und 3

Zunächst seien die Versuche mit Adolf-Schlamm erörtert.

*Tab. 1 Flotationsergebnisse der Versuche mit erwärmtem Oktanol*
Flotationsdauer 10 min
Die Zahlenwerte sind der Anlage 7 entnommen

| Oktanol-temperatur | Mengen-ausbringen | Organisches Ausbringen | Aschegehalt | Mengen-wirkungsgrad $\eta_H$ | Aschegehalt der Berge |
|---|---|---|---|---|---|
| °C | Gew.-% | Gew.-% | % | % | % |
| 20 | 78,6 | 90,2 | 6,3 | 94,0 | 62,7 |
| 40 | 80,5 | 91,8 | 6,8 | 95,3 | 65,7 |
| 60 | 82,9 | 94,2 | 7,4 | 96,9 | 72,6 |
| 80 | 85,7 | 96,3 | 8,6 | 98,8 | 79,0 |

Die Betrachtungen beziehen sich auf das gesamte Schwimmgut, das nach einer Flotationsdauer von 10 min ausgetragen wurde.

Aus Tab. 1, in der die Werte der Anlage 7 zusammengefaßt dargestellt wurden, ist zu entnehmen, daß das organische Ausbringen durch Erwärmen des Oktanols von 20°C auf 80°C um 6,1 Gew.-% und der Mengenwirkungsgrad $\eta_H$ um 4,8% verbessert werden. Gleichzeitig steigt der mittlere Aschegehalt von 6,3% auf 8,6%. Die Erhöhung des Aschegehalts ist auf die Zunahme des Mengenausbringens um 7,1 Gew.-% zurückzuführen; sie ist jedoch geringer als einer Steigerung des Mengenausbringens um 7,1 Gew.-% bei gleichbleibendem Mengenwirkungsgrad von 94% entspricht. Werden nämlich der Mengenwirkungsgrad $\eta_H$ von 94% des Versuchs mit Oktanol von 20°C und eine Steigerung des Mengenausbringens um 7,1 Gew.-% zugrunde gelegt, so müßte der Aschegehalt von 6,3% auf 11,2%, also um 2,6% mehr ansteigen, als in den Versuchen gefunden wurde. Diese Überlegungen zeigen, daß die Trennschärfe durch Erwärmen von Oktanol bei gleichzeitiger Zunahme des Mengenausbringens verbessert werden kann; dies drückt sich in einer Steigerung von organischem Ausbringen und Mengenwirkungsgrad $\eta_H$, so wie in Tab. 1 dargestellt, aus.

*Tab. 2   Erste Konzentrate der Versuche mit erwärmtem Oktanol*
Flotationsdauer 2,5 min
Die Zahlenwerte sind der Anlage 7 entnommen

| Oktanol-temperatur °C | Mengen-ausbringen Gew.-% | Organisches Ausbringen Gew.-% | Aschegehalt % | Mengen-wirkungsgrad $\eta_H$ % |
|---|---|---|---|---|
| 20 | 24,9 | 30,0 | 1,5 | 53,6 |
| 40 | 28,8 | 34,7 | 1,7 | 53,7 |
| 60 | 32,6 | 39,1 | 2,2 | 50,2 |
| 80 | 35,7 | 42,7 | 2,7 | 45,1 |

Tab. 2, deren Werte ebenfalls aus Anlage 7 entnommen wurden, zeigt die Ergebnisse, die nach einer Flotationsdauer von 2,5 min, das heißt, nach dem Ausschwimmen des ersten Konzentrats erhalten wurden. Durch Erwärmen des Oktanols von 20°C auf 80°C wurde das organische Ausbringen um 12,7 Gew.-% verbessert, gleichzeitig stieg der Aschegehalt um 1,2% auf 2,7%.

Dieser Anstieg ist stärker als der Zunahme des Mengenausbringens um 10,8 Gew.-% entspricht; hiermit im Einklang steht die Verminderung des Mengenwirkungsgrades von 53,6 auf 45,1%. Im folgenden wird auf diese Zusammenhänge noch ausführlich eingegangen.

Bei kurzer Flotationsdauer und Ausschwimmen des ersten Konzentrats verändert sich der Mengenwirkungsgrad $\eta_H$ entgegengesetzt zum organischen Ausbringen und zum Mengenausbringen, das heißt, die Sortierung wird schlechter. Bei längerer Flotationsdauer verändern sich diese drei Größen gleichsinnig.

In Abb. 4, Seite 58, sind Mengenwirkungsgrad $\eta_H$ Mengenausbringen $v_c$ und Aschegehalt $a$ für das erste Konzentrat und für das Gesamtschwimmgut bei verschiedenen Oktanoltemperaturen einander gegenübergestellt.

Diese Abbildung zeigt, daß der Mengenwirkungsgrad $\eta_H$ von der Temperatur des Oktanols abhängig ist. Geht man von dem Mengenwirkungsgrad $\eta_H$ aus, der bei den Versuchen mit nicht erwärmtem Oktanol von 20°C erreicht wurde – 53,6% nach 2,5 min, 94,0% nach 10 min Flotationsdauer – so können mit Hilfe der Verwachsungskurven bezogen auf das dargestellte Mengenausbringen $v_c$ die zu den genannten Mengenwirkungsgraden zugehörigen Aschegehaltskurven $a_1$ errechnet werden.

Liegen die so errechneten $a_1$-Werte unter den tatsächlich im Versuch gefundenen $a$-Werten, so bedeutet dies, daß die Erwärmung des Oktanols zu einer Erhöhung des Konzentrat-Aschegehalts geführt hat, deren Ausmaß so groß ist, daß es nicht mehr zwanglos durch den Anstieg der Verwachsungskurven erklärt werden kann; die Trennschärfe hat abgenommen.

Liegt die $a_1$-Kurve über der $a$-Kurve, so gilt sinngemäß das Gegenteil; die Trennschärfe wird verbessert.

Aus Abb. 4, Seite 58, ist zu ersehen, daß im ersten Konzentrat eine Verminderung, im Gesamtkonzentrat eine Verbesserung der Trennschärfe durch die Erhöhung der Oktanoltemperatur erzielt wurde. Durch dieses Ergebnis wird das Verhalten des zweiten, dritten und vierten Konzentrats festgelegt; sie müssen mit zunehmen der Temperatur des Flotationsmittels einen steigenden Trennerfolg aufweisen.

*Tab. 3   Mengenwirkungsgrad $\eta_H$ in Abhängigkeit von der Flotationsdauer und der Oktanoltemperatur*
Die Zahlenwerte sind der Anlage 7 entnommen

| Flotations-dauer | Konzentrat | Mengenwirkungsgrad $\eta_H$ bei Oktanol von | | | | $\eta_{H\,80°} - \eta_{H\,20°}$ |
| --- | --- | --- | --- | --- | --- | --- |
| min | | 20°C % | 40°C % | 60°C % | 80°C % | % |
| 2,5 | 1 | 53,9 | 53,7 | 50,2 | 45,1 | —8,8 |
| 5,0 | 1 + 2 | 77,6 | 77,2 | 79,4 | 80,0 | + 2,4 |
| 7,5 | 1 + 2 + 3 | 85,7 | 86,9 | 88,9 | 91,3 | + 5,6 |
| 10,0 | 1 + 2 + 3 + 4 | 94,0 | 95,3 | 96,9 | 98,8 | + 4,8 |

Die obige Tab. 3 zeigt den Mengenwirkungsgrad $\eta_H$ als Maß für die Trennschärfe nach vier Flotationsstufen. Hier wird deutlich, daß nach einer Flotationsdauer von 2,5 min der Mengenwirkungsgrad $\eta_H$ bei der niedrigen Oktanoltemperatur von 20°C um 8,8% höher liegt als bei 80°C, sich dann langsam zugunsten der höheren Temperatur von 80°C verändert und am Ende des Versuches nach 10 min um 4,8% über den mit Oktanol von 20°C erzielten Mengenwirkungsgrad $\eta_H$ ansteigt. Im folgenden wird versucht, diese Vorgänge zu erklären.

Neben dem Mengenwirkungsgrad $\eta_H$ ist der Verlauf der Flotationskurven für die Beurteilung des Trennerfolges eines Versuches von Bedeutung. In Anlage 9 sind diese Kurven für die Versuche mit Oktanol von 20°C und 80°C dargestellt; zum Vergleich ist die Verwachsungskurve des Rohschlamms eingezeichnet.

Es zeigt sich, daß der Aschegehalt des Schwimmguts während der ersten 2,5 min der Flotation in den Versuchen, die mit Oktanol von 80°C durchgeführt worden waren, deutlich höher ist, als bei der Verwendung von nicht erwärmtem Oktanol. Im weiteren Verlauf der Flotation kehren sich diese Ergebnisse um. Vergleicht man zum Beispiel die beiden Schwimmgutkurven bei dem Ordinatenwert-Mengenausbringen von 85 Gew.-%, so wird mit erwärmtem Oktanol ein Aschegehalt von nur 8% und mit nicht erwärmtem Oktanol ein solcher von über 10% erreicht.

Die Anlagen 11 und 12 sowie die Kurven der Anlage 13 lassen die Ursachen der Umkehrung erkennen. Die Zugabe von erwärmtem Oktanol führt zu einem raschen Aufschwimmen des aschereichen Feinstkorns unter 0,1 mm. Die Gegenüberstellung der in Anlage 13 aufgeführten Werte zeigt, daß bei Zugabe von Oktanol von 80°C im ersten Konzentrat 10,9 Gew.-% Feinkorn unter 0,1 mm ausgeschwommen werden, gegenüber nur 6,7 Gew.-% bei Verwendung von nicht erwärmtem Oktanol. Daher vermindert sich erwartungsgemäß der im zweiten, dritten und vierten Konzentrat enthaltene Anteil der Kornklasse <0,1 mm bei höherer Reagenztemperatur schneller als bei niedriger.

Eine Deutung dieser Ergebnisse wird im Zusammenhang mit der Erörterung des Kornaufbaus des Schwimmguts in Abschnitt 4.25, Seite 21, versucht.

Die Abb. 5, Seite 58, zeigt, daß der Aschegehalt der Berge, der nach einer Flotationsdauer von 10 min erhalten wurde, mit steigender Temperatur des Oktanols anwächst; die Menge der Berge geht gleichzeitig zurück.

Dieses Ergebnis steht im Einklang mit den zuvor erörterten Zusammenhängen und kann ebenfalls damit erklärt werden, daß die Trennschärfe durch Erwärmen des Oktanols verbessert wird.

b) *Emil-Mayrisch-Schlamm*, siehe Anlage 2 und 3

Vergleichsversuche, die mit Rohschlamm der Zeche Emil Mayrisch durchgeführt wurden und deren Ergebnisse in der Anlage 8 zusammengefaßt sind, nahmen einen grundsätzlichen ähnlichen Verlauf wie die bisher beschriebenen Versuche.

*Tab. 4   Gegenüberstellung der Versuchsergebnisse mit Schlamm der Zeche Adolf und der Zeche Emil Mayrisch*
Die Zahlenwerte sind den Anlagen 7 und 8 entnommen

| Erzeugnis und Oktanoltemperatur | Mengenausbringen | | Aschegehalt | |
|---|---|---|---|---|
| | Adolf Gew.-% | Mayrisch Gew.-% | Adolf % | Mayrisch % |
| Erstes Konzentrat | | | | |
| Oktanol 20°C | 24,9 | 16,4 | 1,5 | 3,0 |
| Oktanol 20°C | 35,7 | 29,9 | 2,7 | 7,2 |
| Gesamtschwimmgut | | | | |
| Oktanol 20°C | 78,6 | 70,6 | 6,3 | 23,1 |
| Oktanol 80°C | 85,7 | 75,6 | 8,6 | 26,7 |

Die in Tab. 4 wiedergegebenen Versuche sind unter den gleichen, wie in Anlage 5 beschriebenen, Bedingungen durchgeführt worden. Vergleicht man in dieser Tabelle Mengenausbringen und Aschegehalt der Versuche mit beiden Schlämmen, so zeigt sich, daß bei Verwendung der jüngeren Emil-Mayrisch-Kohlen das Mengenausbringen für das gesamte Schwimmgut abnimmt, während der Aschegehalt ansteigt. Hierin läßt sich die, durch den hohen Anteil an tonigem Feinstkorn bedingte, bekannte Schwierigkeit der Flotation junger Kohlen erkennen. Wesentlicher im Sinne der Themastellung ist jedoch die Feststellung, daß eine Erwärmung des Oktanols von 20°C auf 80°C das Flotationsergebnis in der von den Versuchen mit Adolf-Schlamm bekannten Richtung beeinflußt, nämlich eine Zunahme von Mengenausbringen und Mengenwirkungsgrad $\eta_H$, also eine Verbesserung des Flotationsergebnisses bewirkt. Der Aschegehalt der Berge steigt, wie Anlage 8 zeigt, von 72,5% auf 78,1% an.
Die starke Zunahme des Aschegehalts im Schwimmgut ist auf den ungünstigen Verlauf der Verwachsungskurve und auf den hohen Anteil an aschereichem Feinstkorn im Roh-

schlamm unter 0,1 mm – 45 Gew.-% mit 49% Asche – und besonders unter 0,06 mm – 33 Gew.-% mit 53% Asche – zurückzuführen. Der Feinstkornanteil findet sich besonders in dem ersten Konzentrat der Versuche.



c) *Vergleiche zwischen den Ergebnissen der Versuche mit Oktanol und denen mit den übrigen verwendeten Alkoholen*

Die mit Oktanol erzielten Flotationsergebnisse finden ihre grundsätzliche Bestätigung bei allen Versuchen mit schwer und nicht wasserlöslichen Alkoholen. Wie aus den Anlagen 7 und 8 hervorgeht, lassen sich alle durch die Erwärmung von Oktanol hervorgerufenen Erscheinungen bei Versuchen mit diesen Alkoholen wiedererkennen. Es zeigt sich allerdings auch, daß die Temperaturerhöhung der Alkohole unterschiedlich stark wirksam ist.

Nach den Ergebnissen der Versuche, die in den Anlagen 7 und 8 wiedergegeben sind, steigt mit zunehmender Reagenztemperatur das organische Ausbringen im ersten Konzentrat um ungefähr 5 bis 13 Gew.-% an, wobei die niedrigen Werte von den mittel- bis schwer wasserlöslichen, die hohen von den wasserunlöslichen Flotationsmittel erzielt wurden.

Wie bei den mit Oktanol durchgeführten Versuchen beobachtet wurde, stieg auch hier der Aschegehalt des ersten Konzentrats bei Zugabe erwärmter Reagenzien in stärkerem Maße an als durch die Vermehrung des Mengenausbringens zu erwarten gewesen wäre. Dies führt zu einer Vergrößerung des Abstandes zwischen der Verwachsungskurve und Flotationskurve und hat eine Verringerung des Mengenwirkungsgrades zur Folge; die Trennschärfe der Sortierung sinkt.

Das Gesamtschwimmgut nach einer Flotationsdauer von 10 min zeigt in Übereinstimmung mit den Oktanolversuchen eine Verbesserung des Flotationsergebnisses durch Erwärmen der Reagenzien von 20°C auf 80°C. Abb. 6, Seite 59, verdeutlicht an Hand des Mengenwirkungsgrades $\eta_H$, des Mengenausbringens und des Aschegehalts diese Zusammenhänge und zeigt darüber hinaus, daß der Einfluß der Temperatur mit zunehmender Wasserlöslichkeit der Alkohole zurückgeht.

Beträgt die Verbesserung des Mengenwirkungsgrades $\eta_H$ nach einer Flotationsdauer von 10 min bei einer Erwärmung von Decanol $C_{10}H_{21}OH$ von 20 auf 80°C 5,2%, so liegt dieser Wert für Butanol $C_4H_9OH$ bei 1%. Auch die Kurve für das Mengenausbringen fällt von 11 Gew.-% bei Decanol auf 5 Gew.-% bei Butanol. Entsprechendes gilt naturgemäß für die Kurve des Aschegehalts.

Diese Ergebnisse können erklärt werden, wenn man bedenkt, daß im Temperaturbereich von 20 auf 80°C die in Anlage 1 dargestellten Zähigkeits-Temperatur-Kurven mit zunehmender Anzahl der C-Atome im Alkoholmolekül steiler verlaufen, das heißt, daß eine Temperatursteigerung bei höheren Alkoholen einen stärkeren Einfluß auf die Zähigkeit ausübt als bei niederen. Die Zähigkeit der Zusatzmittel ist – wie in Abschnitt 8, Seite 38, noch ausführlich erläutert wird – für ihre Zerteilung und Ausbreitung in der Trübe von hervorragender Bedeutung. Dies spiegelt sich in den Flotationsversuchen insofern wieder, als mit Zunahme der C-Atome auch der Temperatureinfluß der Reagenzien auf organisches Ausbringen, Aschegehalt und Mengenwirkungsgrad $\eta_H$ ansteigt.


### 4.22 *Versuche mit vollkommen wasserlöslichen Mitteln*

In Übereinstimmung mit den Feststellungen des letzten Abschnitts zeigen die Kurven der Anlage 14, die aus den Versuchsergebnissen der Anlagen 6 und 7 entnommen wurden, daß mit steigender Temperatur von Butanol und Oktanol Aschegehalt und

Mengenausbringen zunehmen. Mit wachsender Wasserlöslichkeit flachen die in Anlage 14 dargestellten Kurven ab und verlaufen bei Äthanol parallel zur Abszisse. Betrachtet man die Steigungswinkel dieser Kurven als ein Maß für den Temperatureinfluß, so erhält man die in Tab. 5 zusammengestellten Werte.

*Tab. 5   Steigungswinkel der Kurven der Anlage 14 für Aschegehalt und Mengenausbringen*

| Flotationsmittel | Löslichkeit | Steigung der Ausbringungskurve | | | |
| | | erstes Konzentrat | | Gesamtschwimmgut | |
| | g/l | Ausbringen | Aschegehalt | Ausbringen | Aschegehalt |
| --- | --- | --- | --- | --- | --- |
| Oktanol | 0,42 | 21° | 21° | 14° | 34° |
| Butanol | 195 | 10° | 9° | 7° | 21° |
| Äthanol | ∞ | 0° | 0° | 0° | 0° |

Die Steigungswinkel werden mit zunehmender Wasserlöslichkeit kleiner; sie sind für das Mengenausbringen des ersten Konzentrats größer als für das Gesamtschwimmgut. Entgegengesetzt verhalten sich die Kurven des mittleren Aschegehalts; dies ist auf den Verlauf der Verwachsungskurve zurückzuführen, da eine geringfügige Änderung des Schwimmguts bei einem hohen Mengenausbringen naturgemäß eine stärkere Änderung des Aschegehalts bewirkt als bei niedrigem.
Die obige Tab. 5 und die Anlagen 6 und 8 zeigen, daß bei Versuchen mit Rohschlamm der Zeche Adolf und der Zeche Emil Mayrisch eine Temperaturerhöhung von Äthanol von 20 auf 60°C und von Methanol von 20 auf 50°C keinen Einfluß auf das Flotationsergebnis haben. Mengenausbringen, organisches Ausbringen, Aschegehalt und Mengenwirkungsgrad $\eta_H$ schwanken nur innerhalb der Grenzen der Versuchsgenauigkeit. Versuche, von denen später noch zu berichten sein wird, bekräftigen die hier gemachten Beobachtungen.

## 4.23 *Versuche mit Teeröl und Flotol*

Nachdem in den vorangegangenen Untersuchungen der Einfluß der Temperatur von verschiedenen wasserunlöslichen Alkoholen auf das Flotationsergebnis nachgewiesen wurde, sollen nun die Versuche durch die Verwendung von Teeröl und Flotol erweitert werden. Dies ist von Bedeutung, da einmal das Verhalten nicht eindeutiger chemischer Stoffe geprüft, und zum anderen durch diese Mittel eine Verbindung zum praktischen Flotationsbetrieb hergestellt werden soll.
Die Ergebnisse dieser Versuche sind in den Anlagen 7 und 8 zusammengestellt; sie zeigen eine deutliche Übereinstimmung mit den Ergebnissen, die mit wasserunlöslichen Alkoholen erzielt wurden, erkennen.
Die in Abb. 7, Seite 59, dargestellten Kurven zeigen die Vermehrung des Aschegehalts im Schwimmgut, die durch die Steigerung der Reagenztemperatur hervorgerufen wird. Ausgangspunkt ist jeweils der Aschegehalt, der bei Zugabe des nichterwärmten Flotationsmittels erzielt wurde. Um die Vergleichbarkeit der Versuche zu ermöglichen, wurde ein Mengenausbringen von jeweils 40 Gew.-% zugrunde gelegt, da hier der Einfluß der Reagenztemperatur auf den Aschegehalt des Schwimmguts besonders deutlich ist.
Auch der nach einer Flotationsdauer von 10 min gefundene Mengenwirkungsgrad $\eta_H$ zeigt, wie aus Abb. 8, Seite 60, zu entnehmen ist, den erwarteten, von der Reagenztemperatur abhängigen Verlauf. Der Mengenwirkungsgrad $\eta_H$ steigt beim Erwärmen der Reagen-

zien von 20 auf 80°C um durchschnittlich 4 bis 5%, das heißt, daß mit zunehmender Temperatur der Flotationsmittel eine höhere Trennschärfe erreicht wird.

*Zusammenfassung der Ergebnisse*

Auf Grund der bisher erörterten Untersuchungen lassen sich folgende Zusammenhänge erkennen:

1. Bei Erwärmen von wasserlöslichen Flotationsmitteln konnte kein Einfluß auf das Flotationsergebnis erkannt werden.
2. Mit zunehmender Wasserunlöslichkeit der Reagenzien steigt der Einfluß ihrer Temperatur auf das Mengenausbringen $v_c$, den Aschegehalt $a$ und damit auch auf den Mengenwirkungsgrad $\eta_H$.
3. Mengenausbringen $v_c$ und Mengenwirkungsgrad $\eta_H$ des gesamten Schwimmguts – nach einer Flotationsdauer von 10 min – steigen mit zunehmender Temperatur der Flotationsmittel; damit erhöht sich naturgemäß gleichlaufend der Aschegehalt der Berge, wie in Abb. 5, Seite 58, dargestellt.
4. Der Einfluß der Reagenztemperatur tritt jeweils im ersten Konzentrat besonders stark in Erscheinung.
5. Zu Beginn der Flotation wird mit steigender Reagenztemperatur aschereicheres, toniges Schwimmgut ausgetragen, als nach der Erhöhung des Mengenausbringens zu erwarten ist; der Mengenwirkungsgrad $\eta_H$ sinkt. Der Grund für diese Erscheinung wird zunächst in der Erhöhung der Flotationsgeschwindigkeit beim Erwärmen der Reagenzien gesehen, die das Einbringen von Ascheträgern – besonders des feinsten Korns unter 0,1 mm – in den Schaum begünstigen kann. Eine Untersuchung dieser Zusammenhänge wird in den beiden folgenden Abschnitten durchgeführt.

## 4.24 Einfluß der Erwärmung der Reagenzien auf die Flotationsgeschwindigkeit

Für die theoretische und besonders auch für die praktische Beurteilung des Flotationsvorganges ist die Flotationsgeschwindigkeit von großer Bedeutung; sie ist ein Maß für die erforderliche Größe der jeweiligen Anlage und damit ausschlaggebend für die entstehenden Kapitalkosten.
Es fehlt daher auch im Schrifttum [30, 32, 52] nicht an zahlreichen Versuchen, die Fragen zu klären, die mit diesen Vorgängen zusammenhängen. Sie führten zum Teil zu umfangreichen mathematischen Ableitungen, die für die jeweils betrachteten Versuche oder Versuchsabschnitte zutreffend sein können. Eine allgemeingültige Gleichung der Flotationsgeschwindigkeit scheiterte aber bislang an der Schwerzugänglichkeit der mannigfaltigen Einflußgrößen. Diesen theoretischen Überlegungen soll hier nicht nachgegangen werden, statt dessen wird, dem Thema entsprechend, der Zusammenhang von Flotationsgeschwindigkeit und Reagenztemperatur verfolgt.
Die Versuche mußten auf das Ziel gerichtet sein, die Menge des je Zeiteinheit im Schaum ausgeschwommenen Feststoffs in Abhängigkeit von den Reagenztemperaturen zu ermitteln.
Als Temperaturen wurden 20°C und 80°C gewählt, als Flotationsmittel diente wegen seiner chemisch eindeutigen Beschaffenheit und seiner nachgewiesenen Empfindlichkeit gegenüber Temperatureinflüssen Oktanol. Dabei wurden die Zusatzmittel in die MS-Versuchszelle einmal stufenweise zugegeben, in vier Teilmengen von 36, 24, 24, 36 g/t nach je 2,5 min, und zum anderen 120 g/t auf einmal zu Beginn der Flotation. Der Feststoffgehalt der Trübe betrug 150 g/l; der Rohschlamm der Kornklasse 0,75–0 mm stammt von der Zeche Adolf.

Um einen genauen Überblick über die zeitliche Änderung der Flotationsgeschwindigkeit zu erhalten, wurde die Flotationsdauer jedes Versuches in fünf Abschnitte unterteilt und der Schaum jeweils nach 20, 40, 70, 110 und 150 s abgezogen. Unter den gleichen Bedingungen wurden Vergleichsversuche mit Äthanol durchgeführt; die Zugabe erfolgte wieder in vier Teilmengen zu 6,1; 2,6; 2,6; 3,5 kg Äthanol je Tonne Feststoffaufgabe.

Die Ergebnisse der Versuche sind in den Anlagen 15 bis 18 und in Abb. 9, Seite 60, zeichnerisch dargestellt. Sie zeigen deutlich, daß die Flotationsgeschwindigkeit durch die Erhöhung der Oktanoltemperatur merklich größer wird.

In den Anlagen 16 bis 18 tritt der Einfluß der Temperatur des Flotationsmittels besonders deutlich im ersten Konzentrat im Zeitraum zwischen 20 und 40 s in Erscheinung. In diesem Zeitabschnitt wird die Flotationsgeschwindigkeit $v$ durch Steigerung der Oktanoltemperatur von 20 auf 80°C bei stufenweiser Reagenzzugabe von 0,36 auf 0,7 Gew.-%/s und bei einmaliger Flotationszugabe zu Beginn des Versuches von 0,8 auf 1,1 Gew.-%/s erhöht. Da gegen Ende des Versuches der schwimmfähige Feststoff weitgehend ausgetragen ist, verringert sich die Flotationsgeschwindigkeit. Je größer sie zu Beginn war, desto stärker nimmt sie zum Schluß des Versuches ab.

Solche Unterschiede der Flotationsgeschwindigkeit wurden bei Verwendung aller schwer wasserlöslichen und wasserunlöslichen Zusatzmittel beobachtet, nicht aber, wie Anlage 15 zeigt, beim vollkommen wasserlöslichen Äthanol. Zur Deutung dieser Feststellung sei folgende Überlegung angestellt.

Bis es zum Ausschwimmen eines Feststoffteilchens kommt, spielen sich der Reihe nach hauptsächlich sechs verschiedene Vorgänge in der Flotationstrübe ab, von deren Ablauf im einzelnen die Flotationsgeschwindigkeit beeinflußt wird; von diesen Überlegungen seien zunächst molekular gelöste Zusatzmittel ausgenommen.

1. Verteilung des Flotationsmittels in der Trübe.
2. Zusammentreffen von schwer wasserlöslichen Reagenztropfen mit Feststoffteilchen.
3. Häufiges Zusammenstoßen von wasserabweisend gewordenen Mineralteilchen und Luftblasen bis zum schließlichen
4. Anhaften des Mineralteilchens an der Luftblase.
5. Aufschwimmen in der Trübe.
6. Bildung eines tragfähigen Schaums an der Trübeoberfläche durch Zusammenschluß der aufgestiegenen beladenen Luftblasen.

Die Reagenztröpfchen verbreiten sich wie ein Schwarm in der Trübe, und zwar bei gleicher Trübebewegung desto schneller, je feiner sie zerteilt sind; im gleichen Sinn wächst die Wahrscheinlichkeit des Zusammentreffens von Feststoffteilchen und Reagenzien. Auf diese Weise wird naturgemäß die Anzahl der je Zeiteinheit wasserabweisend gemachten Feststoffteilchen vermehrt. Dies hat wiederum zur Folge, daß die je Zeiteinheit erfolgten Anhaftungen zwischen entnetzten Kohleteilchen und Luftblasen zunehmen. Daraus ergibt sich, daß sich die Anzahl der Anlagerungen mit der Zahl der je Raumeinheit vorhandenen entnetzten Kohleteilchen einerseits und Luftblasen andererseits erhöht.

In Abschnitt 8, Seite 38, wird nachgewiesen, daß durch die Temperaturerhöhung eine feinere Zerteilung der Reagenzien hervorgerufen wird; dies führt – nach dem oben gesagten – zu einer Zunahme der je Zeiteinheit entnetzten Kohleteilchen.

Wie auf Seite 8, Abschnitt 3, bereits kurz erwähnt worden ist, befinden sich in der Flotationstrübe neben den Reagenztropfen auch molekular gelöste Zusatzmittel, die auf Grund ihrer geringen Massen von der Strömung der Trübe trägheitslos mitgeführt werden. Ihre Anlagerung an die Feststoffoberfläche – die in Abschnitt 7, Seite 36, genauer beschrieben wird – erfolgt durch adsorptive Kräfte.

Die in Abschnitt 9.11, Seite 41, durchgeführten Messungen haben ergeben, daß die durch Erwärmung erreichte feinere Zerteilung der Reagenzien eine starke Herabsetzung der Oberflächenspannung des Wassers bewirkt und somit die Entstehung von Luftbläschen begünstigt und ihre Haltbarkeit verbessert.

Es ist zu erwarten, daß die Anlagerung der Flotationsmittel an die Oberflächen der Kohleteilchen durch Erwärmen der Reagenzien nicht beeinflußt werden kann. Die Tropfen kühlen sich in der Trübe desto schneller ab, je feiner sie sind; ihre Temperatur wird beim Zusammentreffen mit den Kohleteilchen die Trübetemperatur erreicht haben. Die Aufstiegsgeschwindigkeit der feststoffbeladenen Luftblase in der Trübe, die im Schrifttum von GAUDIN [20] und BENETT [30] mit 2 bis 20 cm/s angegeben wird, und die vom gemeinsamen Gewicht Luftblase und anhaftendem Kohleteilchen bestimmt wird, konnte in den durchgeführten Versuchen nicht merkbar beeinflußt werden.

In den hier beschriebenen Untersuchungen wurde eine klare Abhängigkeit der Flotationsgeschwindigkeit von der Reagenztemperatur festgestellt. Es ist wahrscheinlich, daß durch die erhöhte Flotationsgeschwindigkeit auch aschereiches Feinstkorn mechanisch mit in den Schaum gerissen wird. Daher soll im folgenden ermittelt werden, ob und in welchem Umfange die Reagenztemperatur durch die von ihr beeinflußte Flotationsgeschwindigkeit die Korngrößenverteilung im Schwimmgut verändert.

## 4.25 Einfluß der Reagenztemperatur auf die Korngrößenverteilung im Schwimmgut

In den vorangegangenen Ausführungen wurde gezeigt, daß zu Beginn der Flotationsversuche der Aschegehalt der feinsten Körnungen der Konzentrate und die Flotationsgeschwindigkeit mit zunehmender Temperatur der Reagenzien ansteigt. Beide Ergebnisse deuten darauf hin, daß eine Erwärmung der Zusatzmittel Einfluß auf den Kornaufbau des Schwimmguts nehmen kann.

Siebanalysen und Konzentrate, die in den Anlagen 11 und 12 mitgeteilt sind, lassen einen deutlichen Einfluß der Temperatur der Reagenzien auf den Kornaufbau des Schwimmguts erkennen; er äußert sich in einem verstärkten Ausbringen des aschereichen, tonigschiefrigen Feinstkorn unter 0,1 mm.

Die zunehmende Feinheit des Schwimmguts wird durch die in Abb. 10, Seite 61, aufgezeichnete Abnahme der $d'$-Werte bei steigender Reagenztemperatur gekennzeichnet. Sie fallen für die schwerlöslichen Alkohole im Durchschnitt von 0,24 auf 0,16 mm.

Da jedoch, wie in Anlage 3 angegeben wurde, der Aschegehalt der Kornklasse unter 0,1 mm im Verhältnis zum Gesamtgut recht hoch ist, muß mit Zunahme der Feinheit der Bestandteile des Aufgabeguts der Aschegehalt der Konzentrate wachsen. Das führt im ersten Konzentrat der in den Anlagen 6 und 7 dargestellten Versuche zu einer Verminderung des Mengenwirkungsgrades $\eta_H$ nach HEIDENREICH um 2 bis 14%.

Die Sieb-Asche-Analysen in der Anlage 11 zeigen, daß das Mengenausbringen der Kornklasse 0,06–0 mm durch die Erhöhung der Oktanoltemperatur von 20 auf 80°C am stärksten beeinflußt wird; die Zunahme beträgt 6,5 Gew.-% absolut, und die Steigerung des Aschegehalts liegt bei 3,5% absolut. Deutlicher werden diese Zusammenhänge in Abb. 11, Seite 61, gezeigt.

Die Kurven dieser Darstellung geben den Anteil des ausgeschwommenen Feststoffs, bezogen auf den in der jeweiligen Kornklasse der Aufgabe enthaltenen Feststoff, an. Diese Kurven sind aus den Anlagen 3 und 12 entwickelt. Sie zeigen für die Versuche mit Oktanol, daß bei einer Reagenztemperatur von 80°C doppelt soviel Feinstkorn unter 0,06 mm ausgeschwommen wird als bei 20°C. Mit zunehmender Korngröße wird dieser Unterschied im Mengenausbringen geringer, und im Körnungsbereich 0,75 bis 0,4 mm kehren sich die Ergebnisse zugunsten der tieferen Reagenztemperatur um.

Grobes Korn $> 0{,}4$ mm schwimmt mit Zusatzmittel von $20\,^\circ$C besser auf, feine Kohleteilchen $< 0{,}4$ mm schwimmen bei $80\,^\circ$C schneller in den Schaum.

Das verstärkte Ausschwimmen des Feinstkorns $< 0{,}1$ mm im ersten Konzentrat, das hier zu untersuchen ist, und das im Gefolge der Temperaturerhöhung der Reagenzien auftritt, führt naturgemäß dazu, daß die Trübe schneller am Feststoff $< 0{,}1$ mm verarmt als bei der Flotation mit nicht erwärmten Zusatzmitteln.

*Tab. 6 Oktanol, 20 und 80°C, Zunahme des Feinstkorngehalts unter 0,1 mm im ersten Konzentrat durch Erwärmung des Oktanols*
Die Zahlenwerte sind der Anlage 11 entnommen

| Kornklasse | Oktanoltemperatur | | | | | |
| | 20°C | | | 80°C | | |
| | Mengenausbringen | | Aschegehalt | Mengenausbringen | | Aschegehalt |
| mm | g | Gew.-% | % | g | Gew.-% | % |
|---|---|---|---|---|---|---|
| 0,1 –0 | 65 | 7,2 | 3,2 | 96 | 10,9 | 5,0 |
| 0,06–0 | 30 | 3,3 | 3,9 | 55 | 6,1 | 6,1 |

Für die Versuche mit Oktanol zeigt Tab. 6 für die Kornklasse 0,1–0 mm eine Zunahme um 3,7 Gew.-%. Der hierin enthaltene Feststoff 0,06–0 mm macht mit 2,8 Gew.-% den größten Anteil bei dieser Steigerung aus. In dieser Kornklasse wird die Erhöhung des Aschegehalts besonders deutlich; sie beträgt 2,2% absolut. Bei Verwendung von Butanol und von Teeröl als Zusatzmittel lassen sich grundsätzlich ähnliche Versuchsergebnisse erkennen.

Diese erheblichen Unterschiede im Ausbringen des feinsten Korns unter 0,1 mm und besonders unter 0,06 mm werden mit fortschreitender Flotationsdauer geringer; so wird schon im zweiten, stärker im dritten und vierten Konzentrat der prozentual ausgeschwommene Feinstkornanteil $< 0{,}1$ mm bei Versuchen mit erwärmten Flotationsmitteln niedriger als bei Verwendung nichterwärmter Zusatzmittel. Dies kann aus den Anlagen 10 bis 12 und zusammenfassend aus Anlage 13 und Abb. 12, Seite 62, entnommen werden. Der Anstieg der Kurven wird für das Mengenausbringen erwartungsgemmäß it zunehmender Flotationsdauer flacher und der Abstand zwischen den Aschegehaltskurven für die Versuche mit Oktanol von 20 und 80°C größer.

Zur Deutung dieser Ergebnisse sollen folgende Zusammenhänge erörtert werden:

1. Durch die höhere Flotationsgeschwindigkeit schwimmt mehr Feststoff gleichzeitig auf, und es wird mehr Feinstkorn unsortiert in den Schaum gerissen.
2. Mögliche Wechselwirkung zwischen Tropfendurchmesser des Schwimmittels und Kornaufbau des Schwimmguts.
3. Beeinflussung der Tragfähigkeit der Luftblasen durch die stärkere Herabsetzung der Oberflächenspannung.
4. Darüber hinaus bewirkt eine feinere Reagenzzerteilung eine stärkere Flockung der feinsten Teilchen. Diese Flockung konnte bei den höheren Alkoholen, wie Oktanol und Teeröl nachgewiesen werden und wird weiter unten erörtert. In einer Flocke können Bergeteilchen eingeschlossen und so in den Schaum getragen werden.

Es ist zu erwarten, daß die einzelnen Möglichkeiten in wechselndem Ausmaß die Ergebnisse beeinflussen; dabei kann das Zusammentreffen mehrerer von ihnen besondere Wirkungen haben.

*Zu 1.* Feinstkorn im Schaum

In Abschnitt 4.24, Seite 19, ist gesagt worden, daß durch die feinere Zerteilung der Reagenzien die Flotationsgeschwindigkeit – die je Zeiteinheit ausgeschwommene Menge Feststoff – mit steigender Reagenztemperatur zunimmt. Hierdurch kann eine Verschlechterung bedingt sein, da durch die dichtgepackte große Anzahl der aufsteigenden, mit Feststoff beladenen Schaumblasen Ascheträger mechanisch mit in den Schaum getragen werden können [24]. Die Ascheträger sind in erster Linie in der Lamellenflüssigkeit anzutreffen.

*Zu 2.* Flockung von Feststoffteilchen

Im Schrifttum berichten PLAKSIN und SOLNYSKIN [45], GÖTTE [24], SCHOLZ [22], GAUDIN [20] und andere über die flockende Wirkung von Zusatzmitteln und weisen auf eine Beeinflussung des Flotationsvorganges durch die Flockung hin.

Allgemein erklärte SCHOLZ [22] die flockende Wirkung der entnetzenden Mittel auf folgende Weise: Jede Entnetzung hat eine Erhöhung der Grenzflächenenergie Feststoff/ Wasser zur Folge; sie veranlaßt die Feststoffteilchen, nach einer möglichst kleinen Oberfläche gegenüber dem Wasser zu streben. Hieraus ergibt sich die Bereitwilligkeit des entnetzten Feststoffs, sich zu Flocken zusammenzuschließen.

Aus diesen Überlegungen erschien es zweckmäßig, zu prüfen, ob die verwendeten Reagenzien eine Flockenbildung begünstigen, und ob diese durch die Temperatur der Flotationsmittel beeinflußt werden kann.

Die Versuche wurden mit Oktanol aus der Gruppe der chemisch reinen Mittel und mit Teeröl als dem Vertreter der nicht eindeutig bestimmten Reagenzien durchgeführt. Als Versuchsgut dienten die in der Anlage 19 beschriebenen Schlämme der Zeche Adolf und der Zeche Emil Mayrisch der Kornklassen 0,75–0 mm. Um das Verhalten sehr feiner Schlämme zu prüfen, wurde außerdem Flotationsaufgabe der Zeche Adolf in den abgesiebten Kornklassen 0,3–0 mm und 0,1–0 mm verwendet.

Die Wirkung eines das Absetzen beschleunigenden Flockungsmittels wird am besten durch die von ihm hervorgerufene Absitzgeschwindigkeit der Feststoffteilchen ausgedrückt; kennzeichnend dafür ist jeweils die Absitzkurve.

Zur Durchführung der Versuche diente ein 1 Liter fassender Meßzylinder. Der Feststoffgehalt der Trübe lag bei 150 g/l. Die Zugabe an Oktanol betrug 18 mg/l und an Teeröl 42 mg/l; sie stimmte mit den bei den Flotationsversuchen verwendeten und in Anlage 5 angegebenen Mengen überein. Es wurde zunächst ohne und dann mit Reagenzien von 20 und 80°C gearbeitet. Die der Zusatzmittel wurden 5 min lang mit dem Wasser in der MS-Zelle vermischt. Der Zylinder mit dem Wasser-Reagenz-Gemisch und dem Feststoff wurde 10mal gekippt, und danach wurde die Geschwindigkeit des Absinkens der Klarwasserschicht ermittelt.

Die Ergebnisse der Flockungsversuche, so wie sie in den Anlagen 19 bis 22 angegeben sind, lassen zunächst folgende Gemeinsamkeiten erkennen:

a) Mit zunehmender Feinheit des Feststoffs sinkt erwartungsgemäß die Absitzgeschwindigkeit.

b) Die Absitzgeschwindigkeit wird durch die Zugabe von Oktanol und Teeröl erhöht, siehe Anlage 20, 21 und 22; durch Oktanol stärker als durch Teeröl.
Bei Zugabe von Hexanol und niederen Alkoholen konnte keine Flockung der Feststoffteilchen beobachtet werden.

c) Die in der Anlage 22 dargestellten Ergebnisse der mit Emil-Mayrisch-Schlamm durchgeführten Versuche zeigen, daß durch die Erhöhung der Temperatur von Oktanol und Teeröl von 20 auf 80°C eine deutliche Steigerung der Absitzgeschwindigkeit erzielt werden kann; sie beträgt bei Oktanol ungefähr 2–5 cm/h und bei Teeröl 4–7 cm/h.

Eine aus mehreren feinen Feststoffteilchen gebildete Flocke kann sich dank ihrer, gegenüber dem einzelnen Feststoffteilchen größeren Masse leichter mit einer Luftblase vereinen und mit ihr aufschwimmen. In einer solchen Flocke können allerdings Ascheträger miteingeschlossen werden, die dann in das Schwimmgut gelangen.

Aus den Anlagen 20 und 21 ist zu entnehmen, daß mit zunehmender Feinheit des Feststoffs der Einfluß der Temperaturerhöhung der Reagenzien auf die Flockung und somit auch auf die Absitzgeschwindigkeit zunimmt. Dies wird durch die Vergrößerung des Abstandes der Absetzkurven bei 20 und 80°C, die sich aus den Werten der Anlagen 20 bis 22 ergeben, deutlich. Die durchschnittliche prozentuale Steigerung der Absitzgeschwindigkeit, so wie sie in den Anlagen 20 und 21 dargestellt ist, beträgt bei Teeröl in der Kornklasse 0,75–0 mm 17%, in der Kornklasse 0,3–0 mm 35% und bei dem feinsten Korn 0,1–0 mm 76%; die Werte liegen bei Oktanol geringfügig niedriger.

Diese Ergebnisse stimmen mit der Abb. 10, Seite 61, und den Sieb-Asche-Analysen in Anlage 11 überein, in denen die Abnahme des $d'$-Wertes des Schwimmguts mit Erhöhung der Oktanoltemperatur dargestellt ist. Wie bereits in Abschnitt 4.25, Seite 21, erwähnt worden ist, wird die wachsende Feinheit des Schwimmguts auf eine Zunahme der Flockung des feinen Feststoffes in Abhängigkeit von der Reagenztemperatur zurückgeführt.

Eine stärkere Flockung begünstigt das unselektive Ausbringen feiner Ascheträger im Konzentrat, so wie es bei den Flotationsversuchen beobachtet wurde und für verschiedene Reagenzien in Abb. 7, Seite 59, dargestellt ist.

Die Verstärkung der Flockung durch Erwärmen der Flotationsmittel kann auf deren feinere Zerteilung zurückgeführt werden. Sie bewirkt, daß eine größere Anzahl Reagenztröpfchen für das Zusammenhaften von Feststoffteilchen untereinander zur Verfügung steht. Die mit der feineren Zerteilung der untersuchten Reagenzien gleichlaufende Zunahme des Anteils der molekular gelösten Flotationsmittel wird die Flockung nicht begünstigen. Die Moleküle lagern sich geordnet an den Feststoffoberflächen an und können nicht in dem Maße gleichartige Feststoffteilchen anziehen wie die gröber verteilten.

*Zu 3.* Tropfendurchmesser des Schwimmittels und Kornaufbau des Schwimmguts

Es sind Wechselwirkungen zwischen den Reagenztröpfchen und den Feststoffteilchen denkbar, die von ihren Durchmessern abhängen. Diese Vermutung stützt sich auf folgende Überlegung.

Es ist bekannt, daß oftmals die Entnetzung von etwa 20% der Oberfläche eines Kohleteilchens ausreicht, um so viel Platz für ein Anhaften an Luftbläschen zu schaffen, daß das Teilchen aufschwimmt. Es ist zu erwarten, daß dieser Flächenanteil bei feinen Kohleteilchen schneller entnetzt und für die Anlagerung von Luftbläschen bereitgehalten wird als bei gröberem Korn, zu dessen ausreichende Entnetzung mehrere Reagenztröpfchen erforderlich sein können. Je früher ein ausreichender Teil der Oberfläche eines Kohleteilchens wasserabweisend wird, desto schneller kann es aufschwimmen.

Führt man diese Überlegung weiter, so folgt, daß bei unveränderter Reagenzmenge, aber feinerer Zerteilung der Zusatzmittel feinere Kohleteilchen schneller in den Flotationsschaum gelangen. Die Geraden der Abb. 10, Seite 61, bestätigen, daß mit zunehmend feiner Zerteilung der Zusatzmittel der $d'$-Wert des Schwimmguts sinkt.

ROBINSON [35] berichtet von Untersuchungen, die zeigten, daß mit abnehmender Besetzung der Feststoffoberflächen die Korngröße der ausgeschwommenen Mineralteilchen abnimmt. Entsprechendes kann bei den erörterten Flotationsversuchen durch die feinere Zerteilung der Reagenzien erreicht werden, da die vom Zusatzmittel bedeckte Feststoffoberfläche naturgemäß mit dem Durchmesser des Flotationsmitteltröpfchens sinkt.

GÖTTE [24] hat darauf hingewiesen, daß beim Zusammentritt von Reagenz und Feststoff in der Flotationstrübe sich zwei Vorgänge abspielen, nämlich einmal das Verdrängen der Wasserschicht auf der Feststoffoberfläche durch den Sammler und zum anderen der eigentliche Vorgang des Zusammenhaftens von Zusatzmittelschicht und aufzuschwimmendem Korn. Mit abnehmendem Durchmesser der Flotationsmitteltropfen sinkt ihre, beim Überwinden der adsorptiv gebundenen Hydrathülle mitwirkende kinetische Energie, die naturgemäß bei den Tröpfchen wesentlich geringer ist als bei den Feststoffteilchen. Es konnte in vorliegenden Untersuchungen nicht ermittelt werden, ob bei den Energie- und den Strömungsverhältnissen in der Versuchszelle die Änderung des Tropfendurchmessers einen Einfluß auf die Häufigkeit der erfolglosen Zusammenstöße ausübte.

Das Erwärmen der Flotationsmittel bringt, wie in Abschnitt 7, Seite 36, erläutert, eine Zunahme an echt gelösten Molekülen in der Trübe mit sich. Als unmittelbare Folge davon ist mit der Adsorption einer größeren Anzahl Reagenzmolekülen an der Kohleoberfläche zu rechnen. Auch hier muß die Hydrathülle auf der Feststoffoberfläche beseitigt werden, wenn es zu einer Bindung zwischen den Flotationsmittelreagenzien und der Mineraloberfläche kommen soll.

*Zu 4.*

In Abschnitt 9.2, Seite 45, wird gezeigt und im einzelnen erörtert, daß durch Erwärmen der Reagenzien die Oberflächenspannung des Wassers etwas stärker herabgesetzt wird, und daß dadurch die Schaumblasen eine längere Lebensdauer und eine höhere Tragfähigkeit erlangen. Hierdurch wird in der Regel das Mengenausbringen gefördert. Gleichzeitig kann aber ein langlebiger Schaum die Trennschärfe nachteilig beeinflussen, indem er eingeschlossene Ascheträger festhält, die in erster Linie in dem Lamellenwasser anzutreffen sind.

### 4.26 Einfluß des Feststoffgehalts der Trübe auf das Flotationsergebnis in Abhängigkeit von der Temperatur der Reagenzien

Aus dem Schrifttum [16, 20, 44] und den in der Anlage 23 beschriebenen Versuchen ist bekannt, daß der Feststoffgehalt der Trübe den Flotationsvorgang nachhaltig beeinflussen kann. Weitgehend übereinstimmend ist die Aussage, daß in Abhängigkeit vom Feststoffgehalt der Trübe ein unterschiedlich stark ausgeprägter Bestwert des Flotationsergebnisses zu erkennen ist. Da dieser Bestwert von Aschegehalt, Kornaufbau und Inkohlungsgrad des Feststoffs der Aufgabetrübe abhängt, sind unterschiedliche Angaben über den günstigsten Feststoffgehalt der Trübe zu erwarten. SMIDT [51] hat 19 Flotationsaufgaben im deutschen Steinkohlenbergbau untersucht und Feststoffgehalte der Aufgabetrübe zwischen 121 und 364 g/l vorgefunden; nach SALLMANN [38] liegen sie zwischen 100 und 200 g/l; GÖTTE [42] gibt das günstigste Volumenverhältnis von Feststoff zu Wasser mit ungefähr 1:10 und FÜRSTENAU [44] mit 1:12 an, die letzten beiden Zahlen entsprechen etwa 150 und 135 g/l. Die Anteile an flüchtigen Bestandteilen (waf) lagen nach SCHMIDT [51] zwischen 17,6 und 34,1 Gew.-%.

Die bisher beschriebenen Versuche wurden mit einem Feststoffgehalt der Trübe von 150 g/l durchgeführt. Es soll im folgenden untersucht werden, ob der Einfluß der Reagenztemperatur auch bei niedrigeren und höheren Feststoffgehalten nachweisbar ist. Anlage 23 enthält die Ergebnisse der Flotationsversuche mit Feststoffgehalten der

Aufgabetrübe von 75, 150, 300 und 450 g/l. Als Zusatzmittel wurden wahlweise Oktanol und Teeröl von 20 und 80°C angewendet; für Vergleichsversuche wurden die Reagenzien außerdem bei 20°C mechanisch zerteilt. Die gesamte Flotationsdauer betrug 10 min; der Verbrauch an Zusatzmittel belief sich bei Oktanol auf 120 g/t und bei Teeröl auf 283 g/t Aufgabegut.

Die Reagenzzugabe in g/t blieb bei unterschiedlichem Feststoffgehalt der Trübe unverändert, um die Einflüsse auszuschalten, die durch eine veränderte Menge an Zusatzmitteln hervorgerufen werden können, und damit die Vergleichbarkeit der Versuche erschweren. Mit der Zunahme des Feststoffgehalts wächst die zugegebene Reagenzmenge und somit auch der Anteil an echt gelösten Reagenzien. Diese werden das Flotationsergebnis nicht merkbar beeinflussen, da das Mengenverhältnis gelöste Zusatzmittel zu Feststoffteilchen im wesentlichen unverändert bleibt.

Schenkt man zunächst der ausgeschwommenen Feststoffmenge Beachtung, so ist aus Anlage 23 und Abb. 13, Seite 63, zu entnehmen, daß der Höchstwert des Mengenausbringens bei dem in Anlage 5 beschriebenen Versuchsablauf und den dort genannten Oktanolmengen bei einem Feststoffgehalt der Trübe von ungefähr zwischen 150 und 260 g/l lag; in diesem Bereich liegt ebenfalls der günstigste Mengenwirkungsgrad.

Bei den Versuchen mit Oktanol mit 20°C sank durch die Verminderung des Feststoffgehalts von den üblichen 150 g/l auf 75 g/l das Mengenausbringen von 77,4 auf 69,7 Gew.-% um 8 Gew.-%; bei einer Reagenztemperatur von 80°C von 85,1 auf 81,4 Gew.-% um 4,3 Gew.-% und bei emulgiertem Oktanol – wie Anlage 23 zeigt – von 89,2 auf 83,1 Gew.-% um 6 Gew.-%.

Bei einer Steigerung des Feststoffgehalts der Trübe von 150 auf 450 g/l verringerte sich das Mengenausbringen bei einer Oktanoltemperatur von 20°C um 18 Gew.-% von 77 auf 59 Gew.-%. Diese Verschlechterung macht bei Oktanol von 80°C nur noch 6 Gew.-% aus und bei mechanischer Emulgierung des Oktanols von 20°C nur noch 2 Gew.-%.

Die Beeinflussung von Mengenausbringen und Aschegehalt durch den Feststoffgehalt der Trübe verringert sich durch Erwärmen der Zusatzmittel; die Kurven des Mengenausbringens und des Mengenwirkungsgrades $\eta_H$ verlaufen dann flacher, der letztere verringert sich durch Erhöhung des Feststoffgehalts von 150 auf 450 g/l bei Oktanol von 20°C um 21% von 95,8% auf 75% und bei Oktanol von 80°C um 8% von 98,5 auf 90,4%. Erwartungsgemäß vermindert sich die Trennschärfe bei dicken Trüben. Der Aschegehalt der Berge liegt – wie in Abb. 13, Seite 63, dargestellt – bei erwärmtem Oktanol von 80°C höher als bei nichterwärmtem. Die Kurven des Aschegehalts der Berge haben bei 150 g/l einen Höchstwert, der bei Oktanol von 20°C bei 64,9% und bei Oktanol von 80°C bei 77,1% Asche liegt. Bei 80°C ist der Verlauf der Aschegehaltskurve flacher als bei 20°C.

Vergleicht man Mengenausbringen und Aschegehalt der Konzentrate bei niedrigen und bei hohen Feststoffgehalten, so bestätigt sich die bekannte Erscheinung, daß bei gleichem Mengenausbringen aus einer dickeren Trübe auch ein aschereicheres Schwimmgut aufschwimmt.

Der Einfluß der Temperatur des Flotationsmittels, der sich in einer Zunahme von Mengenwirkungsgrad $\eta_H$ und Mengenausbringen äußert, steigt, wie Abb. 13 auf Seite 63 zeigt, mit zunehmendem Feststoffgehalt der Trübe; der Abstand der Ausbringungskurven der Versuche mit Oktanol von 20°C und 80°C vergrößert sich, das heißt, daß der Einfluß des Feststoffgehalts der Trübe bei feinerer Reagenzverteilung infolge der Erwärmung der Zusatzmittel geringer wird. Durch erwärmte feinere Reagenztröpfchen und eine Zunahme von molekular gelösten Flotationsmitteln kann eine größere Anzahl von Feststoffteilchen entnetzt werden als durch kältere gröbere Reagenztropfen.

Der Mengenwirkungsgrad $\eta_H$ verschlechtert sich bei allen in Anlage 23 dargestellten Versuchen, bei Erhöhung oder Verminderung des Feststoffgehalts der Trübe von 150 g/l. Bei einer Oktanoltemperatur von 20°C sinkt er um ungefähr 20%, wenn der Feststoffgehalt der Trübe von 150 auf 450 g/l erhöht wird, bei Oktanol von 80°C verschlechtert sich der Mengenwirkungsgrad $\eta_H$ nur um 6%. Bei Verminderung des Feststoffgehalts von 150 auf 75 g/l sinkt der Mengenwirkungsgrad bei Oktanol von 20°C um 5%, bei 80°C um 4%. Im folgenden soll eine Deutung dieser Ergebnisse versucht werden.

Mit wachsendem Feststoffgehalt der Trübe und einer unveränderten spezifischen Reagenzzugabe in g/t Aufgabe, steigt die Anzahl der Überschneidungen der Bewegungsbahnen und damit auch die Wahrscheinlichkeit des Zusammentreffens von Feststoffteilchen und Reagenzmolekülhaufen. Es ist daher zu erwarten, daß mit der Häufigkeit der Zusammenstöße auch die Anzahl der anhaftenden Molekülhaufen zunimmt; dies bewirkt je Zeiteinheit, bei sonst gleichbleibenden Flotationsbedingungen eine Vermehrung der entnetzten und mittelbar auch der ausgeschwommenen Feststoffmenge. Die höhere Flotationsgeschwindigkeit hat eine dichtere Schwimmgutpackung in und auf dem Schaum zur Folge, durch die Ascheträger ausgeschwommen werden können. Die feinen Ascheträger sind in erster Linie in dem Lamellenwasser des Schaums anzutreffen. Darauf deutet die in Abb. 13, Seite 63, dargestellte Abnahme des Mengenwirkungsgrades $\eta_H$ hin.

Der Unterschied im Verhalten von echt gelösten Reagenzien und gröber verteilten Reagenzmolekülhaufen, auf den im Zusammenhang mit diesen Untersuchungen auf Seite 20 bereits hingewiesen wurde, soll in Abschnitt 7, Seite 36, ausführlich erörtert werden.

Bei gleichbleibender Zugabe an Flotationsmitteln kann durch eine, infolge der Erwärmung der Reagenzien hervorgerufene feinere Zerteilung eine größere Anzahl Feststoffteilchen entnetzt werden, als das durch gröbere nicht erwärmte Reagenztropfen möglich wäre.

Zwischen Trennschärfe und der durch das Mengenausbringen gekennzeichneten, ausgeschwommenen Feststoffmenge besteht insofern ein Zusammenhang als bei dünnen Trüben, wie die Versuche in Anlage 23 und die Kurven in Abb. 13, Seite 63, erkennen lassen, das Mengenausbringen abnimmt und die Trennschärfe mittelbar ausgedrückt durch das Mengenausbringen sich verbessert, da nur Kohleteilchen mit niedrigem Aschegehalt in den Schaum gelangen. Bei dünnen Trüben ist die Schwimmgutpackung lockerer; hierdurch wird ein mechanisches Mitreißen von Ascheträgern in den Schaum weitgehend vermieden. In einer Trübe mit hohem Feststoffgehalt kommt es leicht zur Behinderung der aufsteigenden, beladenen Luftblasen und zum Abstreifen von Feststoff. Die Menge der im Lamellenwasser des Schaums festgehaltenen feinen Ascheträger ändert sich entsprechend ihrem Gehalt in der Trübe.

Diese Versuchsergebnisse stimmen mit den Untersuchungen von Meinhardt [54] und v. Bardeleben [46] überein, die durch eine feinere Reagenzzerteilung, die dort durch mechanisches Emulgieren erzielt wurde, mit Erhöhung des Feststoffgehalts der Trübe nur eine geringfügige Verschlechterung des Flotationsergebnisses feststellten.


*4.27 Einfluß der Reagenzmenge und der Korngrößenverteilung in der Aufgabetrübe auf die Flotation bei Verwendung erwärmter Reagenzien*

Die im folgenden beschriebenen und erörterten Versuche sind durch das zahlenmäßige Verhältnis von Reagenztröpfchen zu Kohleteilchen verbunden; in der ersten Versuchsgruppe wird die Anzahl der Flotationsmitteltropfen, in der zweiten diejenige der Kohleteilchen bei sonst gleichbleibenden Versuchsbedingungen verändert. Mit Zunahme der Flotationsmittelmenge und der Flotationsmitteltröpfchen steigt naturgemäß auch der Anteil an echt gelöstem Reagenz.

a) *Flotationsversuche mit verschiedenen Reagenzmengen*

Die bisher erörterten Versuchsergebnisse, Seite 13 bis 18, haben gezeigt, daß zu Beginn des Flotationsvorganges, bei noch geringer Reagenzzugabe die Erwärmung der Reagenzien des Ausschwimmens besonders stark begünstigt.

Angesichts dieser Feststellung erschien es angebracht, den Temperatureinfluß auf den Flotationsvorgang bei Zugabe unterschiedlicher Reagenzmengen zu prüfen.

Die Versuchsergebnisse sind in den Anlagen 26 und 27 mitgeteilt.

Um den auf Seite 12 erwähnten Bestwert der Flotation zu erreichen, erwies es sich als notwendig, unterschiedliche Mengen der verschiedenen Zusatzmittel zu verwenden; die Beträge lagen zwischen 83,3 g Hexanol und 86,6 kg Methanol je Tonne Flotationsaufgabe. Mit diesem hohen Reagenzverbrauch stimmen die Mengen überein, die GÖTTE [8] in seinen Untersuchungen benutzte; beispielsweise hat er 121 kg(t Methylxanthat zur Flotation von Steinkohlenschlämmen benötigt.

Die Mengen der zugegebenen Flotationsmittel wurden durch Vorversuche ermittelt; sie sind in Anlage 3 aufgeführt.

Die Kurven der Abb. 14, Seite 64, veranschaulichen die Zunahme von Mengenausbringen und Aschegehalt bei Erwärmen der Reagenzien von 20 auf 80°C. Die Kurven haben einen einander ähnlichen Verlauf und zeigen deutlich ausgeprägte Höchstwerte; sie liegen für Oktanol bei 60 g/t und für Teeröl bei 125 g/t. Der Unterschied in der Lage des Höchstwertes ist durch die Flotationseigenschaften der Reagenzien bedingt.

Aus den Kurven der Abb. 14 ist weiterhin zu erkennen, daß bei einer Überschreitung der Flotationsmittelzugabe bei Oktanol von ungefähr 250 g/t und bei Teeröl von ungefähr 450 g/t der Einfluß der Reagenztemperatur verschwindet.

Diese Abnahme des Temperatureinflusses kann durch die Zunahme der Zusatzmitteltröpfchen in der Flotationstrübe erklärt werden. Mit steigender Schwimmittelzugabe wird allmählich der Zustand erreicht, wo im Verhältnis zur Menge der Kohleteilchen genügend Reagenztröpfchen und molekular gelöste Zusatzmittel vorhanden sind, um alle schwimmfähigen Feststoffteilchen ausreichend zu entnetzen. Dann ist von einer feineren Zerteilung der Reagenztröpfchen, die durch die Temperaturerhöhung verursacht wird, keine Verbesserung des Flotationsergebnisses mehr zu erwarten.

Aus diesen Betrachtungen kann man folgern, daß eine mögliche Einsparung an Schwimmmitteln durch Erwärmen von der insgesamt zugegebenen Flotationsmittelmenge abhängt.

Mit zunehmender Flotationsmittelmenge steigt, wie Anlage 28a für die Versuche mit Oktanol zeigt, das Mengenausbringen zunächst steil und dann ab 80 Gew.-% immer flacher an. Zu Anfang des steilen Anstiegs der Flotationskurve wird der größte Teil der entnetzbaren Kohleteilchen ausgeschwommen; hier macht sich eine Änderung der Reagenzmenge wesentlich stärker bemerkbar als im letzten Teil, da hier nur noch wenige Feststoffteilchen zum Aufschwimmen gebracht werden können; deshalb ergibt sich der flache Verlauf der Kurven. Der Einfluß der Erwärmung oder der Steigerung der Zugabe von Flotationsmittel hängt demnach auch von der Anzahl der Kohleteilchen in der Trübe ab.

Aus der Anlage 28a ist weiter zu entnehmen, daß bei einem Mengenausbringen von zum Beispiel 60 Gew.-% eine Erwärmung des Oktanols von 20 auf 80°C eine Verminderung der Reagenzzugabe von 80 g/t auf 60 g/t ermöglicht; Anlage 28b zeigt, daß durch diese Verminderung der Aschegehalt unverändert bei ungefähr 3,2% liegt. Die Trennschärfe bleibt durch die Reagenzeinsparung von 20 g/t unverändert.

In Anlage 28c ist der Aschegehalt der Berge dargestellt. Er wird durch die Erhöhung der Oktanoltemperatur von 20 auf 80°C um durchschnittlich 4% erhöht.

b) *Flotationsversuche mit Aufgabegut von unterschiedlichem Korngrößenaufbau*

Die Ergebnisse der in Abschnitt 4.25, Seite 21, beschriebenen Versuche deuten darauf hin, daß durch Erwärmen der Flotationsmittel der Feinstkornanteil <0,1 mm im Schwimmgut zunimmt. Daher ist zu prüfen, ob und in welcher Weise die Temperatur der Zusatzmittel Mengenwirkungsgrad, Mengenausbringen und Aschegehalt der Konzentrate beeinflußt, wenn für die Untersuchungen Schlämme mit verschiedenem Kornaufbau und Aschegehalt verwendet werden.

Als Flotationsgut diente Schlamm der Zeche Adolf in den Kornklassen 0,75–0 mm, 0,3–0 mm und 0,1–0 mm.

Der Kornaufbau des Versuchsguts ist in Anlage 19 angegeben. Es wurde Oktanol von 20 und 80°C verwendet, die Zugabemenge betrug 120 g/t.

Die Ergebnisse der Versuche sind in der Anlage 24 dargestellt und in Tab. 7 zusammengefaßt.

*Tab. 7   Mengenausbringen und Aschegehalt bei Oktanol von 20 und 80°C bei unterschiedlichem Aufgabegut*
Flotationsdauer 10 min
Die Zahlenwerte entstammen der Anlage 24

| | Oktanol °C | Kornklasse 0,75–0 mm | 0,3–0 mm | 0,1–0 mm |
|---|---|---|---|---|
| Mengenausbringen [Gew.-%] | 20 | 78,6 | 62,4 | 52,3 |
| | 80 | 85,7 | 71,1 | 63,2 |
| Aschegehalt [%] | 20 | 6,3 | 11,0 | 12,6 |
| | 80 | 8,5 | 15,1 | 18,8 |

*Tab. 8   Mengenausbringen und Aschegehalt in Abhängigkeit vom Kornaufbau des Versuchsgutes und der Oktanoltemperatur*
Die Zahlenwerte sind den Kurven der Anlage 25 entnommen

| Kornklasse | 0,75–0 mm | | 0,3–0 mm | | 0,1–0 mm | |
|---|---|---|---|---|---|---|
| Oktanoltemperatur | 20°C | 80°C | 20°C | 80°C | 20°C | 80°C |
| Aschegehalt % | Mengenausbringen Gew.-% | Gew.-% | Mengenausbringen Gew.-% | Gew.-% | Mengenausbringen Gew.-% | Gew.-% |
| 1 | 12,5 | 7,0 | 7,0 | 4,5 | 2,0 | 1,0 |
| 2 | 46,0 | 20,5 | 10,5 | 4,5 | 2,5 | 2,5 |
| 3 | 62,5 | 52,5 | 28,5 | 19,0 | 7,5 | 4,5 |
| 5 | 74,0 | 77,5 | 43,5 | 34,0 | 16,5 | 8,5 |
| 9 | 83,5 | 86,5 | 59,0 | 55,0 | 37,5 | 24,0 |
| 15 | – | – | 69,0 | 70,0 | 57,5 | 53,5 |
| 25 | – | – | – | – | 76,5 | 78,0 |

Mit zunehmender Feinheit des Aufgabeguts verschlechtert sich das Flotationsergebnis, wie aus Anlage 24, Tab. 7 und dem Schrifttum [32, 44, 53] zu entnehmen ist; das Mengenausbringen vermindert sich, und der Aschegehalt steigt an. Gleichzeitig tritt der Einfluß der Temperaturerhöhung stärker in Erscheinung: der Abstand zwischen den Flotationskurven der Versuche mit Oktanol von 20 und 80°C, die in Anlage 25 dargestellt sind, nimmt zu. Aus den Kurven dieser Anlage sind die Werte für die Tab. 8 entnommen.

In dieser Tabelle ist das Mengenausbringen bei verschiedenen Aschegehalten in Abhängigkeit vom Kornaufbau des Aufgabeguts und der Oktanoltemperatur wiedergegeben. Bei gleichbleibendem Aschegehalt, der aus der zeichnerischen Darstellung der Versuche in Anlage 25 entnommen wurde, erreicht zunächst das Mengenausbringen bei Oktanol von 20°C einen höheren Wert. Eine Änderung zugunsten des Mengenausbringens bei Oktanol von 80°C tritt in der Kornklasse 0,75–0 mm bei Asche 5%, in der von 0,3–0 mm bei 15% Asche und in der von 0,1–0 mm bei 25% Asche ein.

c) *Flotationsversuche mit Aufgabegut aus unterschiedlich groben Kornklassen und mit verschieden hohen Reagenzzugaben.*

Der Einfluß der Oktanoltemperatur auf die ausgeschwommene Feststoffmenge in Abhängigkeit von der zugegebenen Reagenzmenge und dem Kornaufbau des Aufgabeguts wird in Abb. 15, Seite 64, dargestellt.

Die Kurven der Abb. 15, die aus den Versuchen in Anlage 24 entwickelt wurden, zeigen in Abhängigkeit von der Flotationsdauer und der Feinheit des Versuchsguts die prozentuale Erhöhung des Mengenausbringens, die durch Erwärmung von Oktanol von 20 auf 80°C hervorgerufen wurde.

In der Kornklasse 0,1–0 mm wird bei 36 g/t Oktanolzugabe durch die Erhöhung der Temperatur des Zusatzmittels von 20 auf 80°C das Mengenausbringen, wie in Anlage 24 dargestellt ist, von 14,7 auf 29,8 Gew.-%, das heißt, um 103%, in der Kornklasse 0,75 bis 0 mm um 44% gesteigert; bei einer Oktanolzugabe von 120 g/t sinken diese Werte auf 23% bzw. 9%.

Diese Abbildung zeigt, daß der Einfluß der Temperatur der Zusatzmittel bei geringer Reagenzzugabe und bei feinem Aufgabegut besonders stark in Erscheinung tritt.

Denkt man sich die Kurven in dieser Abbildung zu höheren und zu niedrigeren Reagenzzugaben hin verlängert, so werden einmal so viele Reagenztröpfchen vorliegen, daß alle entnetzbaren Feststoffteilchen entnetzt werden können; es kann dann durch eine Erhöhung der spezifischen Oberfläche der Flotationsmittel kein weiterer Feststoff entnetzt werden; eine Temperaturerhöhung der Zusatzmittel beeinflußt dann das Flotationsergebnis nicht mehr.

Zum anderen wird bei ungenügender Zerteilung geringer Reagenzmengen nur ein geringer Teil der Feststoffteilchen entnetzt werden können, der jedoch durch eine feinere Zerteilung der Zusatzmittel erhöht werden kann.

Darüber hinaus muß auf die in Abschnitt 4.25, Seite 21, beschriebene und erläuterte Zunahme der Flockenbildung durch Erhöhung der Reagenztemperatur bei feinem Aufgabegut hingewiesen werden, die jedoch erst bei höheren Alkoholen ab Hexanol und besonders bei Teeröl festzustellen war. Eine Steigerung des Zusammenflockens feinster Kohleteilchen wirkt sich ähnlich wie eine Vergrößerung ihrer Masse aus; dadurch wird ihre Flotierbarkeit begünstigt.

Feinste Mineralteilchen besitzen nach GÖTTE [24] eine zu geringe Aktivierungsenergie, um eine Annäherung oder ein Zusammenhaften mit einem Luftbläschen zu ermöglichen.

30

Die Flotationskurven, die in Anlage 25 den Flotationsvorgang bei unterschiedlich feinem Aufgabegut kennzeichnen, lassen im wesentlichen folgende Einflüsse der Erhöhung der Oktanoltemperatur von 20 auf 80°C erkennen.

1. Die Wirkung der Erwärmung der Reagenzien steigt mit zunehmender Feinheit des Aufgabeguts, wie Abb. 15 bereits zeigte. Dies wird in dem Abstand der Flotationskurven mit Oktanol von 20 und 80°C deutlich.
2. Der Aschegehalt des Schwimmguts wird bis zu einem Mengenausbringen von 60 bis 70 Gew.-% verschlechtert, und zwar bei feinen Schlämmen stärker als bei gröberen.
3. Die Verbesserung des Aschegehalts bei Mengenausbringen über 60–70 Gew.-% ist, wie Anlage 25 zeigt, bei grobem Ausgabegut deutlicher.

Zur Klärung dieser Zusammenhänge kann man von nachstehenden Überlegungen ausgehen.

Bei gleichbleibendem Feststoffgehalt der Trübe nimmt die Anzahl der Feststoffteilchen je Raumeinheit mit feiner werdendem Haufwerk zu. Aus der Tatsache, daß theoretisch jeder Quadratzentimeter der Oberfläche eines stofflich bestimmten, schwimmfähigen Feststoffteilchens durch die gleiche Menge Flotationsmittel entnetzt wird, bis es aufschwimmen kann, offenbart den Zusammenhang zwischen spezifischer Oberfläche der Feststoffteilchen einerseits und der Anzahl der Reagenztröpfchen andererseits, wenn man von einer Anlagerung der Reagenztröpfchen ähnlich wie in Abb. 21a, Seite 68, dargestellt ausgeht. Die Anzahl der Tröpfchen kann durch Erwärmen der Zusatzmittel vergrößert werden.

Das Verhältnis der Anzahl der Reagenztröpfchen zur Anzahl der Feststoffteilchen kann bei gleichbleibendem Feststoffgehalt der Trübe durch die Korngrößenzusammensetzung des Aufgabeguts und bei nicht veränderter Reagenzmenge durch den Grad der Zerteilung der Flotationsmittel beeinflußt werden. Mit der Zunahme dieses Verhältnisses, das heißt, der Vermehrung der Anzahl der Flotationsmitteltröpfchen oder Abnahme der Anzahl der Feststoffteilchen, wächst die Wahrscheinlichkeit, daß die Kohleteilchen entnetzt werden können.

## 4.28 Einfluß der Reagenztemperatur auf den Flotationsablauf in Zellen unterschiedlicher Bauart und Durchwirbelung

Die Strömung der Trübe in der Zelle ist für die Zerteilung und die Ausbreitung der Flotationsmittel von großer Bedeutung.

Es ist bekannt, und GÖTTE [24] und BENETT [30] weisen besonders darauf hin, daß die Geschwindigkeit des Ausschwimmens unter anderem von der Durchwirbelung der Trübe in der Flotationszelle abhängig ist. Legt man die Verhältnisse in den Versuchszellen und Umfangsgeschwindigkeiten des Rührers von 0 bis 7 m/s zugrunde, so sind hierfür in erster Linie zwei Gründe anzuführen.

1. Zerteilung und Ausbreitung der Zusatzmittel in der Trübe werden mit steigender Durchwirbelung verbessert.

2. Die Wahrscheinlichkeit des Zusammentreffens von Feststoffteilchen und Luftblasen wächst mit der Anzahl der Kreuzungen ihrer Bewegungsbahnen.

Die Durchwirbelung der Trübe kann einmal durch die Zellenbauart und zum anderen durch die Umfangsgeschwindigkeit des Rührers beeinflußt werden. Die beiden auf Seite 9 beschriebenen Bauarten unterscheiden sich unter anderem in Stärke und Art der Bewegung der Trübe in der Zelle. In der Rührkammer der MS-Zelle ist eine stärkere Durchwirbelung anzutreffen als in der Denverzelle, die Beruhigungsbleche besitzt, so daß sich die Durchwirbelung der Trübe nicht bis an die Trübeoberfläche fortsetzen kann.

Die Umfangsgeschwindigkeit des Rührers der MS-Zelle wurde im Bereich von 2,7 m/s bis 6,3 m/s verändert und gleichzeitig der Einfluß der Reagenztemperatur ermittelt.

Die Ergebnisse der Versuche, die in Abb. 16, Seite 65, und in der Anlage 29 dargestellt sind, zeigen, daß mit zunehmender Umfangsgeschwindigkeit des Rührers Mengenausbringen und Mengenwirkungsgrad $\eta_H$ ansteigen; der Temperatureinfluß der Reagenzien wird dabei erst von einer Umfangsgeschwindigkeit von ungefähr 4,5 m/s bemerkbar; er wächst dann mit ihr und fördert das Ausschwimmen.

Die Kurven für den Mengenwirkungsgrad $\eta_H$, die ebenfalls in Abb. 16, Seite 65, dargestellt sind, zeigen mit zunehmender Umfangsgeschwindigkeit den Einfluß der Oktanoltemperatur, der jedoch nicht so stark ausgeprägt ist wie beim Mengenausbringen.

Eine Steigerung der Umfangsgeschwindigkeit des Rührers über 6,3 m/s hinaus war nicht erforderlich, da, wie Abb. 16, Seite 65, zeigt, die Temperatur der Zusatzmittel bereits von ungefähr 4,5 m/s den Flotationsvorgang hauptsächlich beeinflußt. Unterhalb dieser Umfangsgeschwindigkeit ist die Temperatur der Flotationsmittel offensichtlich ohne Bedeutung für den Ablauf des Flotationsvorgangs.

Nach den Ergebnissen von Vorversuchen wurde bei Umfangsgeschwindigkeiten des Rührers über 11 m/s eine Verschlechterung des Flotationsergebnisses beobachtet. In zu stark bewegten Trüben können Feststoffteilchen von den Luftblasen abgerissen oder abgescheuert und die Luftblasen selbst zerstört werden.

Eine Erwärmung des wasserlöslichen Äthanols bringt, wie Anlage 29 zeigt, mit zunehmender Umfangsgeschwindigkeit des Rührers keine Änderung des Flotationsergebnisses mit sich.

Eine Erklärung dieser Ergebnisse findet man, wenn beachtet wird, daß die, wie Anlage 5 zeigt, verhältnismäßig kleinen Butanol- und Oktanoltropfen mit einem durchschnittlichen Gewicht von 14 und 11 mg in kurzer Zeit die Temperatur der Trübe annehmen. Aus Abb. 25, Seite 70, kann entnommen werden, daß ein Oktanoltropfen 16 s benötigt, um sich von 80 °C auf die Trübetemperatur von 20 °C abzukühlen. Es muß dafür gesorgt werden, daß der Tropfen zerteilt ist, bevor er sich auf die Trübetemperatur abgekühlt hat.

Die in Abb. 17, Seite 65, dargestellten Ergebnisse, die bei Untersuchungen in Zellen unterschiedlicher Bauart gefunden wurden, zeigen, daß ein Einfluß der Temperatur der Reagenzien auf das Flotationsergebnis in der Denverzelle nicht nachgewiesen werden konnte. Die Zusatzmittel wurden gemäß Anlage 5 stufenweise nach 0; 2,5; 5 und 7,5 min zugegeben; sie kommen in der Denverzelle mit der nur schwach bewegten Trübeoberfläche in Berührung und bevor sie zerteilt sind, haben sie sich auf die Trübetemperatur abgekühlt, so daß die vorangegangene Erwärmung ohne Nutzen bleibt.

Dies gilt naturgemäß auch, wie in Anlage 31 dargestellt, für das gesamte Schwimmgut nach einer Flotationsdauer von 10 min.

Diese Versuche stehen im Gegensatz zu den Untersuchungen in der MS-Zelle in der, wie bereits erörtert, mit zunehmender Erwärmung der Flotationsmittel eine Steigerung des Mengenwirkungsgrades erzielt wurde; siehe Abb. 8, Seite 60.

Demgegenüber zeigte sich – wie bereits in Abschnitt 4.2, Seite 13, erörtert – der Einfluß erwärmter Flotationsmittel bei Verwendung der MS-Zelle deutlich. Das Ergebnis wird mit der kräftigen Durchwirbelung in der MS-Zelle und der raschen Zerteilung der Reagenztröpfchen erklärt. Hierauf wurde bereits auf den Seiten 20 und 21 eingegangen. Diese beiden Versuchsreihen lassen deutlich erkennen, daß der Einfluß der Reagenztemperatur auf das Mengenausbringen und den Mengenwirkungsgrad auch von den Strömungsverhältnissen in den Flotationszellen abhängt.

Die Strömungsverhältnisse in der Flotationszelle müssen so ausgebildet sein, daß der schwer bzw. nichtwasserlösliche Reagenztropfen sofort, nachdem er in die Trübe gelangt, der zerteilenden Wirkung der Trübe oder des Rührflügels ausgesetzt wird; zu diesem Zwecke muß er unmittelbar in Zonen starker Trübebewegung geraten.


## 5. Flotationsversuche in erwärmter Trübe


Die beschriebenen und erörterten Untersuchungen lassen eine Änderung im Flotationsablauf und -ergebnis durch Erwärmen der Zusatzmittel erkennen. Es lag nahe, diesen Einfluß in einer erwärmten Trübe in verstärktem Maße zu erwarten, da sich hier die Flotationsmitteltröpfchen nicht abkühlen und bei hinreichender Durchwirbelung in der Rührkammer dank ihrer dann verminderten inneren Zähigkeit und Oberflächenspannung besser zerteilen lassen. Um die Richtigkeit dieser Vorstellungen zu prüfen, wurden zwei Versuchsreihen durchgeführt. Die Untersuchungen und Erörterungen dieser Abschnitte beschränken sich auf Ergebnisse, die im Zusammenhang mit der Themastellung dieser Arbeit stehen.

*Erste Versuchsreihe*

Die Trübe wurde auf 40, 60 und 70°C erwärmt, während die Reagenztemperatur bei allen Versuchen unverändert bei 20°C lag.

*Zweite Versuchsreihe*

Die Trübe wurde wie in Versuchsreihe 1 erwärmt, die Temperatur der Zusatzmittel betrug 0, 20, 40, 60 und 80°C.

Zu Versuchsreihe 1

Die Kurven der Abb. 18, Seite 66, geben den Verlauf von Mengenausbringen und Mengenwirkungsgrad $\eta_H$ der Flotationsversuche in erwärmter Trübe mit Reagenzien von 20°C wieder. Diesen Ergebnissen wurden die Versuche mit erwärmten Zusatzmitteln und nichterwärmter Trübe von 20°C gegenübergestellt. Die Werte der Kurven sind der Anlage 32 entnommen. Aus den Darstellungen ist der grundsätzliche Unterschied der Flotationsergebnisse der Versuche einmal mit erwärmter Trübe, zum anderen mit erwärmten Reagenzien zu erkennen.
Im Gegensatz zu den geäußerten Erwartungen wurde festgestellt, daß durch Erwärmen der gesamten Trübe Mengenausbringen, Aschegehalt und Mengenwirkungsgrad $\eta_H$ sich verschlechtern. Zwar erreicht das Mengenausbringen, das in der linken Hälfte der Abb. 18, Seite 66, gezeigt wird, bei ungefähr 40°C einen Höchstwert, der Mengenwirkungsgrad sinkt jedoch durchweg mit steigender Trübetemperatur.
Bemerkenswert ist hier, daß das wasserlösliche Äthanol sich im wesentlichen ähnlich verhält wie Butanol und Oktanol. Es steht damit im Gegensatz zu den bereits bekannten – in der rechten Hälfte der Abb. 18, Seite 66, dargestellten – Ergebnissen von Versuchen, die mit erwärmten Reagenzien und normaler Trübetemperatur von 20°C erhalten wurden.
GAYLE und EDDY [39] haben in ihren Berichten über Untersuchungen an verschiedenen amerikanischen Kohlen ähnliche Ergebnisse vorgelegt. Als Begründung wird vor allem

eine mit zunehmender Temperatur schlechtere Adsorption der Zusatzmittel an den Kohleoberflächen angeführt.

Zu Versuchsreihe 2

Die Versuche wurden bei Trübetemperaturen von 20, 40, 60 und 70°C und Reagenztemperaturen von 0, 20 und 80°C durchgeführt. Um Oktanol auf 0°C abzukühlen, wurde das auf Seite 9, Abb. 2, dargestellte und beschriebene Gerät mit Wasser und Eis gefüllt.
Die Ergebnisse sind in der Anlage 32 und in Tab. 9 wiedergegeben.

*Tab. 9   Ergebnisse der Flotationsversuche bei unterschiedlichen Temperaturen von Trübe und Oktanol*
Flotationsdauer 10 min
Die Zahlenwerte sind der Anlage 32 entnommen

| Trübe-temperatur | Oktanoltemperatur 0°C | | 20°C | | 80°C | |
|---|---|---|---|---|---|---|
| | Mengen-aus-bringen | Mengen-wirkungs-grad $\eta_H$ | Mengen-aus-bringen | Mengen-wirkungs-grad $\eta_H$ | Mengen-aus-bringen | Mengen-wirkungs-grad $\eta_H$ |
| °C | Gew.-% | % | Gew.-% | % | Gew.-% | % |
| 20 | 68,7 | 91,0 | 77,5 | 93,2 | 82,0 | 94,8 |
| 70 | 59,8 | 86,0 | 62,3 | 87,5 | 63,9 | 82,4 |

Bei einer *Trübetemperatur von 20°C* werden in Übereinstimmung mit den in Abschnitt 4.2, Seite 13, beschriebenen Versuchen Mengenausbringen, Aschegehalt und somit auch der Mengenwirkungsgrad $\eta_H$ mit steigender Reagenztemperatur innerhalb einer Flotationsdauer von 10 min besser. Anlage 32 zeigt, daß bei einer Abkühlung des Oktanols von 20 auf 0°C das Mengenausbringen um 9 Gew.-% und der Aschegehalt um 2,6% sinken. Dieses Ergebnis fügt sich zwanglos in die bisher bekanntgewordenen und erläuterten Zusammenhänge ein, denn mit abnehmender Temperatur der Reagenzien wächst der Widerstand der Tröpfchen gegen ihre Zerteilung.
Bei einer *Trübetemperatur von 70°C* vermindert sich der Einfluß der Oktanoltemperatur, wie aus Tab. 9 entnommen werden kann, ganz erheblich. Durch Erwärmen von Oktanol von 0 auf 80°C steigt das Mengenausbringen nur um 4 Gew.-%. Bei einer Trübetemperatur von 20°C beträgt diese Zunahme 13 Gew.-%. Diese Feststellung wird erhärtet, wenn man die Versuche mit Butanol und Teeröl, die in der Anlage 32 dargestellt sind, in die Betrachtungen mit einbezieht.
Darüber hinaus ist zu erkennen, daß die Trennschärfe bei höheren Temperaturen schlechter ist; der Mengenwirkungsgrad sinkt bei allen Versuchen, wie auch aus der Anlage 32 zu entnehmen ist, beim Erwärmen der Flotationstrübe.
Je größer der Unterschied zwischen Reagenztemperatur und Trübetemperatur ist, desto länger ist die Zeitspanne, die der Flotationsmitteltropfen benötigt, um die Trübetemperatur anzunehmen. Damit vergrößert sich die Wahrscheinlichkeit, daß er bei einer Temperatur zerteilt wird, die sich von der Trübetemperatur unterscheidet.
Wie die Versuche in Anlage 32 mit Oktanol von 0°C zeigen, gilt dies auch für Reagenztemperaturen, die unterhalb der Trübetemperatur liegen.
Die Zeitspanne zwischen dem Eintreten der erwärmten Reagenzien in die Flotationstrübe und ihrer Zerteilung ist für die Versuchsergebnisse von Bedeutung. Bei einer

großen Zeitspanne ist die Möglichkeit vorhanden, daß der Flotationsmitteltropfen von einem Kohleteilchen adsorbiert wird und sich so einer weiteren Zerteilung entzieht; andererseits nimmt er die Temperatur der Trübe an, bevor er zerteilt wird; in diesem Falle ist die ursprüngliche Temperatur des Tropfens bedeutungslos.

Je höher die Temperatur des Reagenztropfens im Augenblick der Zerteilung ist, desto geringer ist seine Zähigkeit und somit auch die Kraft, die aufgewendet werden muß, um ihn zu zerteilen.

Aus allem zieht man den Schluß, daß der Einfluß der Reagenztemperatur nur dann zu erkennen ist, wenn die Reagenzien zerteilt werden, solange sie dank ihrer höheren Temperatur einer Zerteilung wenig Widerstand entgegensetzten.


# 6. Vergleichsversuche mit erwärmten und mit mechanisch emulgierten Reagenzien

## 6.1 Versuche mit Reagenzemulsionen von 20°C

Im Anschluß an die bisherigen Untersuchungen und als ihre Ergänzung sind Vergleiche der Flotationsergebnisse von Versuchen mit mechanisch in einem Rührgerät emulgierten Reagenzien einerseits und mit erwärmten Reagenzien andererseits durchgeführt worden; durch ihre verschiedenartige und sicherlich unterschiedlich weitgehende Zerteilung der Flotationsmittel sind diese Versuchsreihen grundsätzlich miteinander verbunden. Die Tatsache, daß durch Emulgieren von Teerölen häufig eine Verbesserung des Flotationsergebnisses erzielt werden konnte, ist aus dem Schrifttum [17, 25, 44, 51] bekannt.

Für die Versuche wurden Butanol, Oktanol und Teeröl in einem mit Wasser von 20°C gefüllten Rührgerät emulgiert; sein scharfkantiger kreuzförmiger Rührflügel mache 2000 U/s. Das Rührgerät wurde jeweils mit 500 ccm Wasser und 2 ccm Flotationsmittel gefüllt. Die Entnahme der Emulsion erfolgte mit einer Pipette, so daß der Flotationstrübe die in Anlage 9 angegebene Menge an Reagenzien zugegeben werden konnte.

Stellt man die Ergebnisse der Versuche mit emulgierten und mit erwärmten Reagenzien einander gegenüber, wie dies in Abb. 10, Seite 61, und in Anlage 33 geschehen ist, so erkennt man in Übereinstimmung mit früheren Untersuchungen, von denen in Abschnitt 4.21, Seite 13, berichtet wurde, daß sowohl durch Erwärmen als auch durch Emulgieren der Flotationsmittel eine Verbesserung der Flotationsergebnisse erzielt wird; das Mengenausbringen steigt, wie Abb. 19, Seite 67, zeigt, durch Emulgieren des Oktanols um 9 Gew.-% auf 87 Gew.-% und durch Erwärmen von 20 auf 80°C um 8 Gew.-% auf 86 Gew.-% an. Die Zunahme des Aschegehalts betrug 4,5% absolut bzw. 2% absolut.

Während Mengenausbringen und Aschegehalt im Temperaturbereich von 20 auf 80°C gleichmäßig zunehmen, tritt nach einer Emulgierdauer von 2 s keine Steigerung mehr ein.

Der waagerechte Verlauf der Kurvenstücke in Abb. 19, Seite 67, linke Hälfte, deutet darauf hin, daß nach einer Emulgierdauer von 1 bis 2 s in dem beschriebenen Rührwerk keine weitere, das Flotationsergebnis beeinflussende Zerteilung des Oktanols mehr erreicht werden kann.

Bei unverändert starker Durchwirbelung in der Zelle wird hingegen mit zunehmender Reagenztemperatur eine feinere Zerteilung der Flotationsmittel erzielt. Dies ist der

Grund für den gleichmäßigen Anstieg der Kurven in Abb. 19, rechte Hälfte. Die Gleichmäßigkeit weist auf die mit der Temperatur fortschreitende Wirkung hin.

Diese Abbildung zeigt gegenübergestellt die Ergebnisse der Flotationsversuche, bei denen einmal die von außen auf den Oktanoltropfen einwirkende und zum anderen die ihn zusammenhaltende Kraft verändert wird. Es ist naheliegend, Versuche durchzuführen, bei denen diese beiden Kräfte gleichzeitig verändert werden.

## 6.2 Versuche mit erwärmten Reagenzemulsionen

In diesem Abschnitt soll untersucht werden, ob eine Erwärmung von Reagenzemulsionen Einfluß auf die Flotation haben kann.

Nach einer Emulgierdauer von 3 s wurden die Reagenzemulsionen auf 40, 60 und 80°C erwärmt und der Flotationstrübe von 20°C zugegeben. Die Versuchsergebnisse sind in den Anlagen 34 und 35 festgehalten; Abb. 20 zeigt diese in Gegenüberstellung mit den bekannten Versuchen, bei denen nur die Reagenzien erwärmt wurden.

Durch Erwärmen von Reagenzemulsionen kann das Flotationsergebnis nicht beeinflußt werden, wie das aus dem Verlauf der Geraden in Abb. 20, Seite 67, ersichtlich ist. Mengenausbringen und Aschegehalt schwanken innerhalb der auf Seite 11 angegebenen Fehlergrenzen.

Die Erwärmung bereits emulgierter Reagenzien kann in der Flotationszelle keine weitere Zerteilung der Tröpfchen und somit auch keine Beeinflussung des Flotationsergebnisses bewirken. Die Reagenztröpfchen haben durch die mechanische Emulgierung bereits einen so kleinen Durchmesser erreicht, daß trotz ihrer durch die Temperaturerhöhung bedingten geringen inneren Reibung keine weitere Zerteilung in der Rührwerkzelle mehr stattfindet, da die von außen auf einen Tropfen einwirkenden Kräfte in dem beschriebenen Rührwerk größer sind als in einer Flotationszelle.

# 7. Einfluß von Verteilung und Löslichkeit der Zusatzmittel auf das Flotationsergebnis

An mehreren Stellen dieser Arbeit wurde auf die Bedeutung des Unterschieds zwischen molekular gelösten und tropfenförmig verteilten Flotationsmitteln hingewiesen. Der Anteil der echt gelösten Reagenzien hängt im wesentlichen von den in Abschnitt 4, Seite 9, bereits erwähnten Bedingungen ab.

1. Von der Wasserlöslichkeit der Zusatzmittel, die mit zunehmender Anzahl der C-Atome im Molekül abnimmt;
2. von der Temperatur, die die Löslichkeit der Reagenzien begünstigt;
3. von der spezifischen Oberfläche der Zusatzmittel. Aus den Reagenzoberflächen treten auch bei weitgehend wasserunlöslichen Stoffen Moleküle aus, die in die Trübe wandern. Je größer die Oberflächen werden, desto größer wird die Anzahl der austretenden Moleküle. Es kommt zur Bildung von vorwiegend örtlich übersättigten Lösungen.

In der Flotationstrübe ist bei den verwendeten Zusatzmitteln – außer Methanol und Äthanol – mit der Anwesenheit von Reagenztröpfchen und molekular gelösten Flotationsmitteln zu rechnen.

Reagenztröpfchen und gelöste Reagenzmoleküle verhalten sich unterschiedlich im Hinblick auf Ausbreitung in der Trübe und Anlagerung an Feststoffoberflächen. Gelöste Zusatzmittel werden von dem Trübestrom trägheitslos mitgeführt, während gröbere Reagenztröpfchen ähnlich den Feststoffteilchen nicht unmittelbar der Trübeströmung folgen.

Die Reagenztröpfchen auf der Kohleoberfläche spreiten vielfach erst während der Blasenanlagerung; dabei kommt es an dem Dreiphasenpunkt Wasser, Luft und Feststoff zur Ausbildung eines Wulstes, der nach KLASSEN [31] die Verbindung zwischen Kohlekorn und Luftblase verstärkt. Die Anlagerung von Zusatzmitteltröpfchen kann, wie Abb. 21 b zeigt, und wie in Abschnitt 4.25, Seite 21, beschrieben, eine Flockung von Kohleteilchen herbeiführen [31]. Dabei wirkt der Flotationsmitteltropfen als Bindemittel zwischen den Kohleteilchen; eine vom Convertolverfahren her bekannte Erscheinung, auf die SCHÄFER [41] nachdrücklich hingewiesen hat. Die durch Reagenzien zusammengehaltenen Kohlekörner können sich ebenso wie ein einzelnes Feststoffteilchen an eine Luftblase anlagern. Der Einschluß von Bergeteilchen ist dabei naturgemäß nicht ausgeschlossen.

Die Anlagerung des gelösten Anteils der Zusatzmittel kann man sich nach den bekannten Überlegungen in Abb. 21 c, Seite 68, vereinfachend gezeigt vorstellen, indem man eine gerichtete Adsorption der einzelnen, gelösten Moleküle an der Kohleoberfläche annimmt.

Im Zusammenhang mit diesen Überlegungen soll das Flotationsergebnis geprüft werden, wenn die Zusatzmittel bei 20°C und bei 80°C tropfenweise und bei 20°C in Wasser gelöst der Trübe zugegeben werden. Es ist jedoch sicher, daß auch bei tropfenweiser Zugabe der Reagenzien ein Teil in Lösung geht.

Durch Auflösen eines Stoffes in einem geeigneten Lösungsmittel kann dessen molekulare Verteilung erreicht werden, während Emulsionen neben wirklich gelösten Molekülen auch solche in Haufen enthalten.

Für diese Versuche müssen Reagenzien verwendet werden, die teilweise in Wasser löslich sind. Hierzu boten sich folgende Zusatzmittel an:

1. Butanol
2. Metaxylenol
3. Paraxylenol
4. Orthoxylenol

Als Versuchsgut diente Rohschlamm der Zeche Adolf in der Kornklasse 0,75–0 mm mit einem Aschegehalt von 18,5%, der Korn- und der Wichteaufbau sind in den Anlagen 2 und 3 dargestellt. Die Versuche wurden in der MS-Zelle durchgeführt.

*Versuche mit Butanol*

Butanol ist bei 20°C zu 196 g/l in Wasser löslich. Es wurden 2 g Butanol und 1 l Wasser in einem Rührgefäß kräftig durchgemischt und dann 30 min stehengelassen, bis die Luftblasen aus der Flüssigkeit entwichen waren. Die Lösung zeigte sich dann in durchfallendem Licht vollkommen klar, so daß mit Sicherheit angenommen werden konnte, daß das Butanol völlig gelöst war.

Mit einer Pipette wurden aus dieser Lösung ein bestimmter Anteil entnommen, der die zur Flotation erforderliche, in Anlage 5 angegebene Butanolmenge enthielt, die dann stufenweise der Flotationstrübe nach 0, 2,5, 5 und 7,5 min zugegeben wurde.

Abb. 22 und die Anlage 36 zeigen die Ergebnisse der Untersuchungen. Zum Vergleich sind die Kurven des Mengenausbringens der Versuche bei tropfenweiser Zugabe von Butanol von 20 und 80°C eingezeichnet. Die Kurven der Abb. 22, Seite 68, zeigen einen grundsätzlich ähnlichen Verlauf, sie unterscheiden sich durch die Höhe des Mengenausbringens, das bei in Wasser gelöstem Butanol am größten und bei tropfenförmig zugegebenem Butanol von 20°C am niedrigsten ist.

Nach 10 min Flotationsdauer zeigt sich eine Zunahme des Mengenausbringens bei tropfenweise zugegebenem Butanol von 20°C und gelöstem Butanol von 68 auf 75 Gew.-% und eine Steigerung des Mengenwirkungsgrades $\eta_H$ um ungefähr 3% auf 92%, der mittlere Aschegehalt erhöht sich von 3,7 auf 5,9%.

Abb. 22, Seite 68, zeigt weiterhin, daß bei unverändertem Mengenwirkungsgrad $\eta_H$, das Mengenausbringen durch Lösen der Zusatzmittel gesteigert wird.

Die Ergebnisse der Flotationsdauer mit tropfenweise zugegebenem Butanol von 80°C reihen sich zwischen die obengenannten Versuchsergebnisse ein.

*Versuche mit Xylenolen*

Alle Xylenole lagen in reiner, kristalliner Form vor und waren bei Erwärmung in dem auf Seite 9 beschriebenen Gerät bei einer Temperatur von 70°C flüssig und tropffähig. Der Schmelzpunkt von Orthoxylenol liegt bei 20°C, von Metaxylenol bei 64°C und von Paraxylenol bei 65°C. Es erschien hier sinnvoll, die Trübe ebenfalls auf 70°C zu erwärmen, um davor geschützt zu sein, daß das flüssige Xylenol durch Abkühlung in der kälteren Trübe wieder fest wird. Für Vergleichsversuche wurden Xylenol bei einer Temperatur von 70°C gelöst. Es wurden die gleichen Reagenzmengen, wie in Anlage 5 angegeben, verwendet.

Die drei Versuchsgruppen – in der Anlage 37 dargestellt – zeigen nach einer Flotationsdauer von 10 min eine Steigerung des Mengenausbringens zwischen 4 und 5 Gew.-% und eine Zunahme des Aschegehalts um 1 bis 2%, wenn die Reagenzien nicht tropfenweise, sondern in Wasser gelöst, der Trübe zugegeben werden.

*Erörterung der Versuchsergebnisse*

Die grundsätzliche Ähnlichkeit der Ergebnisse dieser beiden Versuchsgruppen ermöglicht ihre gemeinsame Deutung.

Die molekulare Verteilung gelöster Zusatzmittel bewirkt in noch stärkerem Maße als die mechanische Emulgierung oder die Erwärmung der Reagenzien ein schnelles Ausbreiten der Flotationsmittel in der Trübe; dies wird in der Zunahme der Flotationsgeschwindigkeit deutlich.

Obwohl zwischen dem Verhalten von gelösten und tropfenförmigen Reagenzien grundlegende Unterschiede bestehen, zeigen sich diese im Flotationsergebnis nur noch geringfügig.


# 8. Ermittlung des Durchmessers von Flotationsmitteltropfen in Abhängigkeit von der Reagenztemperatur und der Turbulenz in der Flotationszelle

Aufgabe der im folgenden beschriebenen Untersuchungen soll es sein, die für den Flotationsvorgang wichtige Abhängigkeit des Durchmessers der Reagenztropfen von der Temperatur zu ermitteln.

Die Messung des Durchmessers der zerteilten Reagenztropfen erfolgte mikroskopisch bei ungefähr 350facher Vergrößerung im durchfallenden Licht. Mit Hilfe einer in den Strahlengang eingeblendeten Meßskala konnte der Tropfendurchmesser auf ungefähr $\pm 0,25$ Skalenteile genau ermittelt werden; ein Skalenteil entspricht 8,7 $\mu$.

Damit bei der mikroskopischen Auszählung eine größere Anzahl von Flotationsmitteltropfen ins Blickfeld gelangten, wurde es erforderlich, die Reagenzkonzentration, die bei den Flotationsversuchen mit weitgehend wasserunlöslichen Zusatzmitteln zwischen 12 mg/l und 42 mg/l lag, auf ungefähr 1 g/l zu erhöhen. Zur Zerteilung der Zusatzmittel fand eine 200 ccm fassende Flotationszelle Verwendung. Die Umfangsgeschwindigkeiten betrugen 2,4 und 3,7 m/s. Nach einer Rührdauer von 1 min wurden an vier verschiedenen Stellen der Zelle während des Rührens mit einer Pipette Proben entnommen und auf einem Trägerglas unter dem Mikroskop untersucht. Von jeder Probe wurden jeweils ungefähr 250 Tröpfchen ausgemessen. Die vier Proben eines jeden Versuches weisen keinen unterschiedlichen mittleren Tropfendurchmesser auf.

In Abb. 23, Seite 69, sind die Tropfendurchmesser in Abhängigkeit von der Temperatur und der Umfangsgeschwindigkeit des Rührers dargestellt. Die Zahlenwerte sind der Anlage 38 entnommen.

Erhöht man bei einer Umfangsgeschwindigkeit des Rührers von 3,7 m/s die Reagenztemperatur von 20 auf 80°C, so sinkt, wie in Abb. 23, Seite 69, dargestellt ist, der mittlere Tropfendurchmesser bei Teeröl von 17,3 auf 10,9 μ und bei Oktanol von 13,8 auf 9,1 μ.

Wird jedoch die Umfangsgeschwindigkeit des Rührers auf 2,4 m/s erniedrigt, so sinkt der mittlere Tropfendurchmesser bei gleicher Temperaturerhöhung bei Teeröl um 2,7 μ von 24,0 auf 21,3 μ, während er sich bei Oktanol nur geringfügig ändert.

Legt man die so ermittelten Tropfendurchmesser zugrunde, so kann man die Anzahl und die spezifische Oberfläche der Tröpfchen je Gramm Flotationsmittel berechnen. In Abb. 24 wird dies am Beispiel Teeröl gezeigt; entsprechendes gilt naturgemäß für alle nicht und wenig wasserlöslichen Reagenzien.

In den durchgeführten Flotationsversuchen beträgt der Teerölverbrauch 280 g/t Aufgabegut; dies entspricht bei einem Feststoffgehalt der Trübe von 150 g/t ungefähr 40 mg Teeröl je Liter Flotationstrübe. Durch die Erhöhung der Teeröltemperatur von 20 auf 80°C wird nach Abb. 24 die Anzahl der Reagenztröpfchen von $1{,}5 \cdot 10^6$ auf $5{,}9 \cdot 10^6$ Flotationstrübe vermehrt. Das bedeutet – entsprechend Abb. 24 – eine Steigerung der spezifischen Reagenzoberfläche um fast 80% von 0,014 m²/l auf 0,025 m²/l.

Die Ergebnisse der in diesem Abschnitt beschriebenen Untersuchungen zeigen, wie die Zerteilung der Reagenzien von deren Temperatur bei Zugabe in die Trübe und von der durch den Rührflügel erzeugten Turbulenz in der Flotationszelle abhängt. Aber der Temperatureinfluß kann durch zu niedrige oder zu hohe Umfangsgeschwindigkeiten des Rührers aufgehoben werden.

Aus Abb. 23, Seite 69, geht hervor, daß der Temperatureinfluß bei einer geringen Umfangsgeschwindigkeit des Rührers von 2,4 m/s sowohl bei Teeröl als auch bei Oktanol merklich unter dem bei einer Umfangsgeschwindigkeit von 3,7 m/s liegt; die Kurven verlaufen flacher. Dazu ist übereinstimmend aus Abb. 16, Seite 65, zu entnehmen, daß bei den Flotationsversuchen der Einfluß der Reagenztemperatur erst bei Umfangsgeschwindigkeiten von ungefähr 4–5 m/s bemerkbar wird.

Bei zu *hoher Umfangsgeschwindigkeit*, die in einem Emulgiergerät erzeugt wurde, kann der Einfluß der Temperatur der Reagenzien, wie die in Anlage 38 dargestellten Versuche zeigen, ebenfalls nicht mehr nachgewiesen werden. Es ist zu erwarten, daß im ersten, sehr kurzen Abschnitt der Zerteilung der Einfluß der Temperatur noch zu bemerken sein wird, da der Temperaturausgleich zwischen Reagenztröpfchen und Trübe, wie auf Seite 40 und in Abb. 25, Seite 70, nachgewiesen wird, eine bestimmte Zeitspanne erfordert. Mit steigender Turbulenz wachsen die Kräfte, die den Reagenztropfen zerteilen. Je feiner die Tröpfchen werden, desto schneller findet der Temperaturausgleich statt. Die Zerteilung ist noch nicht beendet, wenn die Flotationsmitteltröpfchen die

Trübetemperatur erreicht haben, dann hat aber die Ausgangstemperatur keinen Einfluß mehr auf die weitere Zerteilung. Die Flotationsversuche mit erwärmten Emulsionen, die in den Anlagen 34 und 35 dargestellt sind, bestätigen diese Ergebnisse.

*Ermittlung der Abkühldauer eines Reagenztropfens in einer kühleren Flotationstrübe*

Die Zeitspanne zwischen dem Eintreten des erwärmten Reagenztropfens in die Trübe und seiner Abkühlung ist in Tab. 10 und Abb. 25, Seite 70, für einen Oktanoltropfen dargestellt. Je länger diese Zeitspanne ist, desto größer ist die Wahrscheinlichkeit, daß der Tropfen vor dem Erreichen der Trübetemperatur zerteilt wird. Bei unveränderten, von außen auf ihn einwirkenden Kräften, sinkt mit seiner Temperatur die Zerteilbarkeit. Mit fortschreitender Zerkleinerung wird die als Wärmespeicher zu betrachtende Masse kleiner und ihre spezifische Oberfläche nimmt zu; daher ist ein linearer Verlauf der Abkühlungskurve zu erwarten.

Abb. 25, Seite 70, zeigt, daß ein Oktanoltropfen zu seiner Abkühlung von 80 auf 40°C in Wasser mit einer Temperatur von 20°C ungefähr 5 s und von 40 auf 20°C weitere 11 s benötigt.

Aus den Werten der Zähigkeit-Temperatur-Kurven in Anlage 1 und der Abkühlungskurve des Oktanoltropfens in Abb. 25, Seite 00, ist die Tab. 10 zusammengestellt, die die Zähigkeit eines Oktanoltropfens mit einer Ausgangstemperatur von 80°C in Abhängigkeit von seiner Verweilzeit in Wasser von 20°C angibt.

*Tab. 10   Zunahme der Zähigkeit eines Oktanoltropfens mit einer Ausgangstemperatur von 80°C in Wasser und 20°C in Abhängigkeit von der Zeit*

| Verweilzeit s | 0 | 2 | 4 | 6 | 8 | 10 | 12 | 14 | 16 | 18 |
|---|---|---|---|---|---|---|---|---|---|---|
| Zähigkeit $c^P$ | 1,5 | 2,3 | 3,8 | 5,5 | 6,7 | 7,6 | 8,5 | 8,7 | 8,9 | 8,9 |
| Temperatur °C | 80 | 65 | 47 | 86 | 30 | 25 | 23 | 21 | 20 | 20 |

Mit zunehmender Verweilzeit des Tropfens in der Trübe steigt seine Zähigkeit und somit auch die zur Zerteilung aufzuwendende Kraft.

# 9. Wirkungsweise von erwärmten und mechanisch emulgierter Flotationstrübe sowie auf die Eigenschaften des Flotationsschaums

## 9.1 Einfluß der Temperatur der Reagenzien auf die Oberflächenspannung der Flotationstrübe

Die Bedeutung der Herabsetzung der Oberflächenspannung der Flotationstrübe für den Flotationsvorgang ist aus dem Schrifttum hinlänglich bekannt.

Wenn die Oberflächenspannung von wichtigem Einfluß auf den Ablauf der Flotation ist, dann dürfte auch deren Herabsetzung durch Erwärmen der Reagenzien Auswirkungen auf den Flotationsvorgang haben.

Es ist zu erwarten, daß die feinere Zerteilung der erwärmten wasserunlöslichen Zusatzmittel die Herabsetzung der Oberflächenspannung begünstigt. Daher soll im folgenden
der Einfluß der Temperatur der Reagenzien auf die Oberflächenspannung von Wasser,
Trübe und Schaum untersucht werden.

### 9.11 Oberflächenspannung von Wasser-Reagenz-Gemischen

Die Messung der Oberflächenspannung erfolgte mit einer Torsionswaage nach dem bekannten Ring-Abreiß-Verfahren. Seine Arbeitsweise ist dadurch gekennzeichnet, daß
die Kraft gemessen wird, die gerade dazu ausreicht, um die dünne Flüssigkeitsschicht
der Oberfläche zu zerreißen. Jedes verwertete Meßergebnis stellt, bis auf wenig gekennzeichnete Ausnahmen, den Mittelwert von zehn Einzelmessungen dar; die mittlere
quadratische Abweichung vom Mittelwert lag nie über 0,04 dyn/cm. Es wurde demnach eine Genauigkeit erreicht, die für diese Betrachtungen ausreicht.
Wasser und Reagenz wurden 3 min lang in der 6 l fassenden MS-Flotationszelle durch
kräftiges Rühren vermischt; anschließend wurden jeweils 50 ccm der Mischung mit
Hilfe einer Pipette in die Meßschale der Torsionswaage gefüllt. Die Reinheit der Flotationszelle wurde jeweils durch Messen der Oberflächenspannung ermittelt. Die Meß-
genauigkeit liegt bei $\pm 0,5\%$.
Bei Betrachtung der Meßergebnisse darf nicht unerwähnt bleiben, daß die Oberflächenspannung von der Standdauer des Wasser-Reagenz-Gemisches abhängen kann [28].
Bei längerer Standdauer der Mischung kann die Grenzflächenkonzentration und somit
die Oberflächenspannung des Wassers durch Aufschwimmen oder Absinken, durch
Vereinigen oder Verdunsten der wasserunlöslichen Flotationsmitteltropfen beeinflußt
werden. Zur Durchführung von jeweils zehn Einzelmessungen wurden 10 bis 12 min
benötigt; während dieser Zeitspanne war keine zeitabhängige Veränderung der Oberflächenspannung zu bemerken.
Zu den Untersuchungen wurde Methanol, Äthanol, Butanol, Hexanol, Oktanol und
Decanol herangezogen; sie wurden bei Temperaturen von 20 und 80°C und nach
Emulgierung bei 20°C in einem schnell umlaufenden Rührwerk dem Wasser in der
Flotationszelle zugegeben.
Die Proben wurden vor dem Abschalten des Rührers aus der Flotationszelle entnommen,
um so Fehler zu vermeiden, die durch eine schlechte Durchmischung und unterschiedliche Reagenzanhäufungen in der Flüssigkeit und in ihrer Oberfläche hervorgerufen
werden können.
Da die bisherigen Untersuchungen zeigten, daß durch Emulgieren der Zusatzmittel eine
feinere Zerteilung erreicht werden kann als durch Erwärmen, wurden die Versuche mit
emulgierten Mitteln als Vergleichsversuche durchgeführt. Es ist daher von den emulgierten Reagenzien ein stärkerer Einfluß auf die Oberflächenspannung zu erwarten als
von Flotationsmitteln mit einer Temperatur von 80°C.
In dem zu untersuchenden Wasser-Reagenz-Gemisch liegen Methanol und Äthanol
molekular gelöst, Butanol und Hexanol teilweise gelöst und Oktanol und Decanol un-
gelöst vor.
Die Brauchbarkeit der Ergebnisse hängt von einer guten Zerteilung der Reagenzien, so
wie sie in der Flotationszelle erreicht wird, ab. Vorversuche mit dem Ziel, Oktanol in
einem Standzylinder zu zerteilen, schlugen fehl; eine Messung der Oberflächenspannung
war nicht möglich, da die groben Oktanoltropfen aufschwammen und die Oberfläche
der Flüssigkeit unterschiedlich dicht besetzten.
Wie in Abschnitt 7, Seite 36, beschrieben ist, kann bei wasserunlöslichen Reagenzien
eine geringe, schwer feststellbare Anzahl Moleküle in Lösungen gehen, die dann natur-

gemäß die Oberflächenspannung des Wassers beeinflußt. Der gelöste Anteil ist gegenüber dem ungelösten klein; er kann aber die Herabsetzung der Oberflächenspannung stark begünstigen.

Die $\sigma/c$-Kurven in den Anlagen 39 und 40 zeigen, daß durch Erwärmen der wasserunlöslichen und der teilweise wasserlöslichen Reagenzien auf 80°C die Oberflächenspannung des Wassers stärker herabgesetzt werden kann, als bei 20°C. Mit zunehmender Reagenzmenge steigt der Einfluß der Temperatur. Durch Erwärmen von Oktanol auf 80°C wird bei 20 mg/l die Oberflächenspannung des Wassers um 0,7 dyn/cm stärker herabgesetzt als mit Oktanol von 20°C; bei 400 mg/l beträgt dieser Wert 1,8 dyn/cm.

Eine Erwärmung der wasserunlöslichen Alkohole Methanol und Äthanol vor der Vermischung mit dem Wasser bleibt ohne Einfluß auf die Oberflächenspannung des Wassers; daher sind die folgenden Untersuchungen in erster Linie den teilweise und den gänzlich wasserunlöslichen Zusatzmitteln gewidmet.

Die Ergebnisse stehen im scheinbaren Gegensatz zu den Flotationsversuchen, bei denen sich, wie in Abb. 14, Seite 64, dargestellt, der Temperatureinfluß der Zusatzmittel mit zunehmender Reagenzzugabe verringert. Sind in der Flotationstrübe alle entnetzbaren Kohleteilchen entnetzt und ausgeschwommen, so kann auch eine Zunahme der spezifischen Oberfläche der Reagenzien, wie sie durch Erwärmen der Zusatzmittel möglich ist, naturgemäß das Flotationsergebnis nicht mehr beeinflussen.

Anders sind die Zusammenhänge bei der Betrachtung der Herabsetzung der Oberflächenspannung des Wassers. Durch die Temperaturerhöhung wächst, wie aus Abb. 24, Seite 69, hervorgeht, die Summe der spezifischen Oberfläche der Reagenzien mit der jeweiligen Menge an Flotationsmittel, und damit erhöht sich auch das Ausmaß der Wechselwirkungen zwischen den Reagenz- und Wassermolekülen in der Flüssigkeit und an deren Oberfläche. Dies führt zu einer verstärkten Herabsetzung der Oberflächenspannung.

*Tab. 11  Reagenzverbrauch zur Herabsetzung von Oberflächenspannung des Wassers von 72,8 auf 70,0 dyn/cm*

| Flotationsmittel | Reagenztemperatur | | Einsparung |
| | 20°C | 80°C | durch Erwärmen |
| | Reagenzverbrauch | | |
| | mg/l | mg/l | Gew.-% |
|---|---|---|---|
| Decanol | 4 | 3 | 33,0 |
| Oktanol | 22 | 16 | 37,0 |
| Hexanol | 40 | 30 | 33,0 |
| Butanol | 170 | 145 | 17,0 |
| Äthanol | 3950 | 3950 | 0,0 |

Aus Tab. 11 kann entnommen werden, daß die Reagenzmenge, die erforderlich ist, um die Oberflächenspannung des Wassers von 72,8 auf 70,0 dyn/cm herabzusetzen, bei Erwärmen von Decanol um 25 Gew.-% und bei Butanol um 17 Gew.-% vermindert werden kann. Eine Erwärmung von Äthanol bleibt ohne Folgen auf die Herabsetzung der Oberflächenspannung.

In Übereinstimmung mit den Ergebnissen der Anlage 38 zeigt die Anlage 39, daß die Oberflächenspannung des Wassers dann am stärksten herabgesetzt wird, wenn die Reagenzien vor ihrer Zugabe in das Wasser in einem Rührwerk emulgiert werden.

### 9.12 Oberflächenspannungsmessungen in Flotationstrüben

Nachdem die vorstehenden Ausführungen gezeigt haben, daß mit zunehmender Erwärmung der Reagenzien die durch sie hervorgerufene Herabsetzung der Oberflächenspannung des Wassers stärker bemerkbar wird, soll im folgenden geprüft werden, wie sich dieser Einfluß während des Flotationsvorgangs auswirkt.

Die Versuche wurden wiederum in der auf Seite 9 beschriebenen MS-Flotationszelle durchgeführt. Die Trübe enthält 150 g/l Feststoff mit 18% Asche; während des Versuchs wurden vier Konzentrate nach 2,5; 5; 7,5 und 10 min abgezogen. Vor der Abnahme eines jeden Konzentrats sind die in Abb. 26, Seite 70, angegebenen Oktanolmengen mit der Temperatur von 20 und 80°C und einer Emulgierdauer von 2 s zugegeben worden. Zur Messung der Oberflächenspannung wurden 10, 80 und 150 s nach jeder Reagenzzugabe mit einer Pipette 50 ccm Trübe aus dem Spitzkasten unter der Schaumdecke entnommen. Um die Oberflächenspannung mit möglichst ausreichender Genauigkeit zu ermitteln, wurden an jeder Probe 30 Einzelmessungen nach dem Ring-Abreiß-Verfahren durchgeführt.

In Abb. 26, Seite 70, sind die Ergebnisse dieser Untersuchungen in den durchgezogenen Kurven dargestellt.

Unter den gleichen Bedingungen, jedoch ohne Feststoff, wurde der Verlauf der gestrichelt dargestellten Kurvenzüge für Wasser und Oktanol allein ermittelt; sie dienen als Vergleichskurven.

Die oberste sägeblattartige Kurve läßt erkennen, daß die Oberflächenspannung der Trübe unmittelbar nach jeder Oktanolzugabe geringfügig sinkt; sie steigt dann wieder und erreicht nach 150 s den Ausgangswert von 73,0 dyn/cm. Dieser Verlauf wiederholt sich in jedem Konzentrat. Ein Teil des oberflächenaktiven Oktanols wird von den Feststoffteilchen adsorbiert und mit ihnen ausgetragen und kann damit für die Herabsetzung der Oberflächenspannung des Wassers nicht mehr wirksam werden.

Wie aus Abschnitt 9.11, Seite 41, bekannt ist, wird die Herabsetzung der Oberflächenspannung bei gleicher Reagenzzugabe mit Zunahme der spezifischen Oberfläche der Flotationsmittelmenge stärker; dies erklärt den senkrechten Abstand der Kurven des Gemisches aus feststofffreiem Wasser mit Oktanol. Nach jeder Oktanolzugabe sinken die Kurven auf einen bestimmten Wert, der sich erst dann nach erneuter Zugabe weiter vermindert; daher ergibt sich ihr stufenförmiger Verlauf.

Vergleicht man die beiden Kurvenzüge in Abb. 26, so zeigt sich, daß die Oberflächenspannung der Trübe nicht den Wert der reinen Wasser-Reagenz-Mischung erreicht.

Daraus ist zu schließen, daß ein Teil der Reagenzien, unmittelbar nachdem diese in die Trübe gelangen, von den Feststoffteilchen adsorbiert werden.

Der Einfluß der Oktanoltemperatur auf die Herabsetzung der Oberflächenspannung des reinen Wasser-Oktanol-Gemisches tritt im Gegensatz zum Wasser-Oktanol-Feststoff-Gemisch der Flotationstrübe deutlicher in Erscheinung. Wie die in Anlage 7 dargestellten Ergebnisse der Flotationsversuche offenbaren, wird bei Zunahme der Oktanoltemperatur auch eine größere Anzahl Kohleteilchen ausgeschwommen, so daß die Trübe ebenso schnell an oberflächenaktiven Stoffen verarmt wie bei Zugabe von nichterwärmten Reagenzien. Erst im dritten und vierten Konzentrat macht sich der Einfluß der feineren Zerteilung bemerkbar, da dann die meisten entnetzbaren Kohleteilchen ausgetragen sind, und die oberflächenaktiven Stoffe sich in der Grenzfläche Wasser–Luft anreichern können.


## 9.13 Oberflächenspannung von Wasser-Reagenz-Feststoff-Gemischen

In eine Glasschale wurden zu jedem Versuch 7,5 g Feststoff mit im Mittel 18,2% Asche und 50 ccm einer Mischung aus Wasser und Reagenz eingefüllt; dies ergab einen Feststoffgehalt von 150 g/l. Wasser und Flotationsmittel waren vorher 3 min lang in der Flotationszelle ohne Luftzutritt durch Rühren vermischt worden. Feststoff und Reagenz-mischung wurden in der Glasschale 2 min lang unter Vermeidung von Schaumbildung umgerührt. Dann wurde die Oberflächenspannung gemessen. Die Anlage 41 enthält die Ergebnisse dieser Untersuchungen.

Vergleicht man die Kurven in Anlage 41 für die Herabsetzung der Oberflächenspannung des Wassers mit und ohne Feststoff, so ist folgendes zu beachten; erst nachdem eine bestimmte Reagenzmenge auf den Feststoffoberflächen adsorbiert ist, sinkt bei weiterer Flotationsmittelzugabe die Oberflächenspannung.

Bei erwärmtem und mechanisch emulgiertem Oktanol beginnt diese Herabsetzung der Oberflächenspannung, wie der Anlage 41 entnommen werden kann, bei geringerer Zugabe als bei nichterwärmtem.

Daraus wird ersichtlich, daß zur Besetzung der Kohleoberflächen bei feinerer Zerteilung eine geringere Oktanolmenge erforderlich ist; gröbere Reagenzteilchen können auf den Feststoffoberflächen auf Gebiete mit höherem Aschegehalt hinüberragen, die bei feineren Tröpfchen nicht besetzt werden. Weiterhin ist zur Bedeckung einer bestimmten Fläche bei einer gröberen Zerteilung eine größere Reagenzmenge erforderlich.

Um diese Zusammenhänge deutlicher zu erkennen, werden die soeben beschriebenen Versuche dadurch erweitert und ergänzt, daß Feststoff mit bekannter Oberfläche und bekanntem Aschegehalt verwendet wird. Die spezifische Oberfläche des Feststoffs wurde mit Hilfe des RRS-Diagramms mit einer für die Untersuchungen ausreichenden Genauigkeit ermittelt; sie beträgt bei einem Feststoff mit 7,1% Asche 0,023 m²/g und bei Bergen mit 74,4% Asche 0,032 m²/g.

Die Versuche, deren Ergebnisse aus den Anlagen 42 und 43 entnommen werden können, bestätigen zunächst die erwarteten Ergebnisse, daß mit Vergrößerung der spezifischen Feststoffoberfläche und mit sinkendem Aschegehalt des Feststoffs mehr Flotationsmitltel angelagert sind. Die Versuche mit Oktanol sind in Anlage 43 zeichnerisch dargestelt.

Achtet man besonders auf die Temperatur der Reagenzien, so zeigt sich, daß bei gleichbleibender Feststoffoberfläche und unverändertem Aschegehalt die Oberflächenspannung durch erwärmte Flotationsmittel stärker herabgesetzt wird als durch nichterwärmte. Der Temperatureinfluß wächst – wie die Kurven für Oktanol in Anlage 43 zeigen – mit abnehmender Feststoffoberfläche und mit zunehmendem Aschegehalt des Feststoffs sowie mit steigender Oktanolzugabe; je weniger Reagenzien sich an den Feststoffoberflächen anlagern, desto stärker wird der Einfluß der Erwärmung und die dadurch hervorgerufene feinere Zerteilung der Reagenzien. In Übereinstimmung mit diesen Ergebnissen stehen die Vergleichsversuche mit emulgierten Reagenzien, die gemäß den Untersuchungen in Abschnitt 8, Seite 38 bis 40, feiner zerteilt wurden als erwärmte Zusatzmittel.

Bei einem Feststoffgehalt der Trübe von 150 g/l mit 7,1% Asche und einer Oktanolzugabe von 18,0 mg/l beträgt die Oberflächenspannung der Trübe bei Oktanol von 20°C 72,6 dyn/cm, sie sinkt bei 80°C auf 72,2 dyn/cm und bei Verwendung von emulgiertem Oktanol auf 71,6 dyn/cm.

Die entsprechenden Werte liegen – wie der Anlage 43 entnommen werden kann – bei einer Oktanolzugabe von 540 mg/l und 20°C bei 61,5 dyn/cm; die Oberflächenspannung sinkt bei Oktanol von 80°C auf 60,1 dyn/cm und nach mechanischer Emulgierung von 3 s auf 59,8 dyn/cm.

Deutlicher werden diese Ergebnisse bei den Versuchen mit Feststoff von 74,4% Asche, die ebenfalls in den Anlagen 43 und 44 dargestellt sind.

Der Einfluß der Erwärmung der Reagenzien auf die Oberflächenspannung von Trüben hängt, wie die Ausführungen dieses Abschnittes zeigen, weitgehend davon ab, wieviel Flotationsmittel an den Feststoffoberflächen angelagert sind.

Die folgenden Ausführungen sollen den Einfluß der durch erwärmte Flotationsmittel hervorgerufenen besseren Zerteilung der Reagenzien auf ihre Anlagerung an Feststoffoberflächen deuten.

Durch Messen der Oberflächenspannung eines Wasser-Reagenz-Gemisches mit und ohne Feststoff kann aus der Abnahme der Oberflächenspannung mit Hilfe einer $\sigma/c$-Kurve auf die adsorbierte Menge geschlossen werden. Die Ergebnisse dieser Versuche sind in der Anlage 44 zusammengefaßt; sie stehen in engem Zusammenhang mit den in diesem Abschnitt beschriebenen Messungen der Oberflächenspannung von Wasser-Reagenz-Gemischen mit und ohne Feststoff, die teilweise als Grundlage für die hier beschriebenen Versuche verwendet wurden.

In den Untersuchungen über die Auswirkung der Erwärmung der Reagenzien wurden zwei Einflußgrößen berücksichtigt:

a) Größe der Feststoffoberfläche,
b) Aschegehalt des Feststoffs.

Die Ergebnisse der Versuche sind in folgendem beschrieben:

a) *Größe der Feststoffoberfläche*

Die Anlage 44 zeigt die erwarteten Ergebnisse: mit steigender Feststoffoberfläche nimmt die Menge des adsorbierten Oktanols zu. Sie zeigen darüber hinaus, daß durch Erwärmen und Emulgieren des Zusatzmittels bei gleichbleibender Größe der Feststoffoberfläche weniger Reagenz angelagert wird. Bei einer Feststoffoberfläche von 1 m²/l Trübe werden, wie Anlage 103 zeigt, von den zugegebenen 18 mg Oktanol bei einer Reagenztemperatur von 20°C 8,0 mg, bei 80°C 6,5 mg adsorbiert.

Der Verlauf der Kurven in Anlage 105 läßt die grundsätzliche Ähnlichkeit der Ergebnisse der Versuche erkennen, bei denen entweder der Aschegehalt des Feststoffs oder die zugegebene Flotationsmenge geändert wurde.

b) *Einfluß der Aschegehalte des Feststoffs auf die Oberflächenspannung*

Mit Zunahme der Aschegehalte der Feststoffe nimmt die Menge der an ihren Oberflächen adsorbierten Flotationsmittel ab. Die Ergebnisse der Versuche, die in Anlage 45 dargestellt sind, bestätigen diese bekannte Erscheinung an Bergen.

Durch Erwärmen und Emulgieren des Zusatzmittels nimmt bei gleicher Feststoffoberfläche und gleichem Aschegehalt durch feinere Zerteilung die adsorbierte Reagenzmenge ab. Bei gleichem Aschegehalt von 50% und einer Feststoffoberfläche von 3,4 m²/l werden – gemäß Anlage 45 – von den zugegebenen 18 mg Oktanol bei einer Reagenztemperatur von 20°C 6,7 mg/m² und bei 80°C nur 4,8 mg/m² adsorbiert. Daraus ergibt sich, daß bei einer feineren Zerteilung weniger Reagenzien erforderlich sind, um einen Quadratmeter Kohleoberfläche zu entnetzen.

Für den Flotationsbetrieb bedeuten diese Untersuchungen, wie schon in Abschnitt 4.27, Seite 27, dargestellt worden ist, daß durch eine feinere Zerteilung der in Wasser unlöslichen Zusatzmittel, die durch Erwärmen hervorgerufen wird, der Reagenzverbrauch gesenkt werden kann.


## 9.2 Einfluß der Temperatur der Reagenzien auf die Eigenschaften des Flotationsschaums

Die in Abschnitt 9.1, Seite 40, beschriebenen Untersuchungen haben gezeigt, daß durch Erwärmen schwer bzw. nichtwasserlöslicher Flotationsmittel die Oberflächenspannung des Wassers und der Trübe stärker herabgesetzt wird als bei nichterwärmten Reagenzien. Die Ergebnisse lassen erwarten, daß die Temperatur der Flotationsmittel sich auch auf Oberflächenspannung, Lebensdauer und Tragfähigkeit des Schaums auswirken. Über die Untersuchungen soll im folgenden berichtet werden.

### 9.21 Oberflächenspannung des Flotationsschaums

Eine unmittelbare Messung der Oberflächenspannung von Schäumen ist nicht ohne weiteres möglich. Daher sollen sich die Untersuchungen zunächst auf die Ermittlung der Oberflächenspannung einer einzelnen Schaumblase in Abhängigkeit von der Reagenztemperatur beschränken.

#### 9.21.1 Versuchseinrichtung zur Messung der Oberflächenspannung an einer Schaumblase

Die Messung der Oberflächenspannung einer Schaumblase beruht auf der Überlegung, daß eine Schaumblase dann im Gleichgewicht ist, wenn der innere Druck gleich der zusammenziehenden Kraft der Oberflächenspannung ist. Für die Oberflächenspannung einer Schaumblase gilt die bekannte Beziehung.

$$\sigma = \frac{\Delta P \cdot r}{4} \ \text{dyn/cm}$$

Es ist erforderlich, den Blasenhalbmesser $r$ und den dazu gehörigen inneren Überdruck $\Delta P$ durch Versuche zu ermitteln.

Die Versuchseinrichtung, die für andere Anwendungsbereiche schon von KRAEMER [29] und FLÖTER [47] beschrieben ist und von BRUNS [34] weiterentwickelt wurde, erfuhr verschiedene Änderungen, die sich in erster Linie auf die Einrichtungen zur Druckerzeugung und zur Messung von Druck und Blasendurchmesser bezogen.

Die in Abb. 27, Seite 71, dargestellte Einrichtung setzt sich im wesentlichen aus den Geräten zur Druckerzeugung, zur Druckmessung und zur fotografischen Aufnahme zusammen.

Im Ausgleichsgefäß 2 ist ständig für einen gleichbleibenden Wasserstand gesorgt. Bei unveränderter Stellung der Schlauchklemme 4 kann die Anzahl der in den Druckerzeuger 6 fließenden Tropfen je Zeiteinheit und somit die aus dem Druckerzeuger 6 entweichende Luftmenge bei allen Versuchen konstant gehalten werden, da die Höhe $H$ zwischen dem oberen Wasserspiegel und dem Ausfluß nicht geändert wurde. Die Messung beginnt, indem die Entlüftung 9 durch den Zweiwegehahn 16 geschlossen und der Einwegehahn 5 geöffnet wird.

Bei geöffneter Stellung der Hähne 5 und 15 wird auf die in der Glasröhre 10 befindliche Flüssigkeit und auf das Betzmanometer ein für beide Teile gleich großer Druck ausgeübt, der dann zur Ausbildung einer Blase führt. Unmittelbar, nachdem die Blase entstanden ist, wird der Hahn 15 so gestellt, daß nur noch Blase und Betzmanometer verbunden bleiben; das Manometer zeigt den inneren Überdruck der Blase mit einer Genauigkeit von $\pm 0{,}02$ mm WS an.

Die Blase, der Meßstab 11 und die Druckanzeige 13 konnten gleichzeitig fotografiert werden; hierdurch wurde es möglich, gleichzeitig den Blasenhalbmesser und den dazugehörigen inneren Überdruck zu jedem Zeitpunkt, auch bei kurzlebigen Blasen, festzuhalten.

Abb. 28, Seite 71, zeigt eine solche Aufnahme mit der Druckanzeige 13, dem Blasenhalter 10, dem Maßstab 11 und der Blase 17.

Von der Auswertung wurden diejenigen Blasen ausgenommen, die nicht kugelförmig ausgebildet oder bei denen Verdickungen an der unteren Blasenhälfte zu erkennen waren; die letzteren können durch ein Abwärtsfließen der zwischenlamellaren Flüssigkeit entstehen.

Für die Auswertung wurden die Fotografien mit einem Lichtwerfer vergrößert; dann konnte der Blasendurchmesser leicht und sicher ermittelt werden. Mit Hilfe des gleichzeitig fotografierten, mit einer mm-Einstellung versehenen Maßstabs wurde der wirkliche Blasendurchmesser ermittelt.

Als Blasenhalter diente ein ungefähr 4 cm langes Glasrohr mit einem inneren Durchmesser von 4,3 mm.

Durch eine Kennzeichnung am Blasenhalter wurde bei allen Versuchen eine gleich große Flüssigkeitsmenge gewährleistet.

Von großer Bedeutung für die Wiederholbarkeit und Genauigkeit der Messungen ist eine sehr sorgfältige Bearbeitung der Glasfläche an der unteren Öffnung des Halters, an der sich die Blase ausbildet. Die Glasröhre wurde daher in Kunstharz eingebettet und nach dessen Erhärten geschliffen und poliert. Nachdem festgestellt worden war, daß die polierte Glasfläche keine Unebenheiten oder Ausbrüche aufwies, wurde das Glasröhrchen mit Benzol aus der Kunstharzmasse gelöst und anschließend mit Chromschwefelsäure und destilliertem Wasser gereinigt; dann war es einwandfrei gebrauchsfertig.

Versuche ergaben, daß der Durchmesser des Blasenhalters 10 in Abb. 29, Seite 72, die Messungen stark beeinflussen kann. Bei Glasröhrchen mit kapillarfeinem Durchmesser als Blasenhalter wird durchweg eine zu hohe Oberflächenspannung gemessen. Abb. 29 zeigt die Abhängigkeit der Oberflächenspannung der Blase vom Durchmesser des Blasenhalters; mit seiner Abnahme steigt der gemessene Wert der Oberflächenspannung an. Erst oberhalb eines Durchmessers von ungefähr 3 mm tritt keine Veränderung der Meßergebnisse mehr ein.

Der Druckausgleich zwischen Blase und Manometer wird bei Blasenhaltern mit Durchmessern unter 3 mm schwierig; die starke Verengung des Querschnitts wirkt sich ähnlich wie eine Drossel aus, so daß ein höherer Druck angezeigt wird als tatsächlich in der Blase herrscht.

Für die Versuche wurde deshalb ein Blasenhalter mit einem lichten Durchmesser von 4,3 mm verwendet, so daß eine weitgehend verlustfreie Übertragung des inneren Überdrucks der Blase zum Manometer sichergestellt war.

Der vom Manometer während einer Messung angezeigte Überdruck innerhalb der Blase in Abhängigkeit von der jeweiligen Blasenausbildung war bei allen Versuchen ähnlich.

Er wird, wie in Abb. 30, Seite 72, dargestellt ist, durch einen steilen Druckanstieg bis zu dem Punkt gekennzeichnet, an dem sich der höchste Krümmungsdruck $P_k$ der Blase ausbildet; dieser wird erreicht, wenn die Blasenhalbmesser von Blase und Glasrohr gleich groß sind, da dann die Blase den kleinsten Durchmesser und deshalb den größten inneren Druck besitzt.

Blasendurchmesser und innerer Überdruck sind entsprechend der Formel

$$\sigma = \frac{\Delta P \cdot r}{4} \, \text{dyn/cm}$$

umgekehrt verhältnisgleich.

Wird der höchste Krümmungsdruck überschritten, so kommt es, wie Abb. 30, Seite 72, zeigt, zu einer Vergrößerung der Blase und zu einem steilen Druckabfall in ihrem Inneren, bis sich ein neues Gleichgewicht zwischen der zusammenziehenden Kraft der Oberflächenspannung und dem inneren Überdruck der Blase einstellt.

Während dieses Gleichgewichtszustandes, der in Abb. 30 durch den waagerechten Verlauf der Druckkurve gekennzeichnet ist, wurden die Messungen durchgeführt.

Nach ungefähr 5 bis 25 s war ein erneuter, geringfügiger Druckanstieg $P_v$ in der Blase zu beobachten. Er wird hervorgerufen durch das Abfließen von zwischenlammellarer Flüssigkeit zur unteren Blasenhälfte. Hierdurch kommt es zu einer Verringerung der Lamellenstärke im oberen und gleichzeitig zu einer Flüssigkeitsansammlung im unteren Teil der Blase; dieser Vorgang führt zur Streckung der Blase. Der innere Überdruck steigt während der Verformung wieder an, bis die Blase platzt.

9.21.2 Ergebnisse der Versuche und ihre Deutung

Die Ergebnisse der Versuche sind in den Anlagen 46 und 47 festgehalten; eine Übersicht gestattet Abb. 31, Seite 73. Die Kurven dieser Abbildung zeigen, daß bei einer Erhöhung der Reagenztemperatur von 20 auf 80°C eine stärkere Herabsetzung der Oberflächenspannung der Schaumblase erzielt wird. Der Temperatureinfluß tritt, wie die Versuche zeigen, beim Blasendruckverfahren stärker in Erscheinung als beim Ring-Abreiß-Verfahren.

Es sei daher einleitend kurz auf den Unterschied hingewiesen, der zwischen der Messung der Oberflächenspannung eines Wasser-Reagenz-Gemisches nach dem Ring-Abreiß-Verfahren und einer Blase nach dem Blasendruck-Verfahren besteht.

In einem Wasser-Reagenz-Gemisch bildet sich nach dem Gibbsschen Gesetz ein Gleichgewicht zwischen dem Anteil an molekular gelöstem Stoff in der Flüssigkeit und in der Flüssigkeitsoberfläche aus. Eine Blasenlamelle besitzt zwei solcher Oberflächen. Aus dem Schrifttum [14, 21, 23] ist zu entnehmen, daß auch zwischen den Blasenoberflächen und der von ihnen eingeschlossenen Flüssigkeitsschicht Ausgleichsvorgänge stattfinden; es besteht jedoch Unklarheit darüber, ob diese Vorgänge denen in einer Flüssigkeit gleichzusetzen sind, da durch den geringen Abstand der Oberflächenfilme die Flüssigkeitsschicht zwischen ihnen sich teilweise nach den Gesetzen der Kapillarmechanik richtet.

Götte [59] hat in einer neueren Veröffentlichung auf die Möglichkeit hingewiesen, daß durch eine Aufweitung der Blasenoberfläche und der damit verbundenen Verarmung der Oberfläche an aktiven Molekülen höhere Werte für die Oberflächenspannung einer Schaumblase gemessen werden können als nach dem Ring-Abreiß-Verfahren festzustellen sind.

Des weiteren muß erwähnt werden, daß bei der Schaumbildung in der Flotationszelle die Flüssigkeitslamellen der Luftblasen bis zu deren endgültigen Ausbildung mit der Lösung in Verbindung stehen. Es können daher ständig oberflächenaktive Moleküle in die sich vergrößernde Lamelle eindringen.

Im Gegensatz hierzu waren bei den nach dem Blasendruck-Verfahren durchgeführten Versuchen nur eine bestimmte Anzahl von oberflächenaktiven Molekülen in der Flüssigkeitsmenge im Blasenhalter vorhanden, die sich bei Ausbildung der Blase in den neu entstandenen Oberflächen verteilen müssen. Durch die Aufweitung der Blase ist mit einer Verarmung der Oberflächen der Blasenlamellen an adsorbierten oberflächenaktiven Molekülen zu rechnen.

Auf Grund dieser Überlegungen kann bei einer in der Flotationszelle entstandenen Schaumblase mit einer niedrigeren Oberflächenspannung als bei der nach dem Blasendruck-Verfahren erzeugten Blase gerechnet werden.

Diese Tatsachen schwächen jedoch die Aussagekraft der Versuchsergebnisse für die vorliegenden Untersuchungen nicht ab, da hier dem Einfluß der Temperatur der Reagenzien auf die Oberflächenspannung nachgegangen werden sollte; es sind daher in erster Linie die Unterschiede der Oberflächenspannung von Bedeutung, die durch die verschiedenen Temperaturen der Flotationsmittel hervorgerufen werden.

Durch Erwärmen des Oktanols von 20 auf 80°C wird bei einer Zugabemenge von 180 mg/l die Oberflächenspannung des Wassers um 0,7 dyn/cm auf 69,4 dyn/cm und die der feststoffbeladenen Blase um 1,5 dyn/cm auf 66,9 dyn/cm herabgesetzt; die benutzte Menge entspricht derjenigen, die in den Flotationsversuchen angewendet worden ist.

Durch Emulgieren des Oktanols kann die Oberflächenspannung sowohl des Wassers als auch die der feststofffreien und der feststoffbeladenen Blase stärker herabgesetzt werden, als dies durch Erwärmen möglich ist. Die Ursache hierfür liegt in der Feinheit der Zerteilung des Oktanols, die – wie in Abschnitt 8, Seite 38, dargestellt – in folgender Reihenfolge zunimmt:

1. Oktanol 20°C
2. Oktanol 80°C
3. Oktanol 3 s emulgiert, 20°C

Die Oberflächenspannung einer feststoffbeladenen Blase erwies sich in der Mehrzahl der Versuche niedriger als die des Wasser-Reagenz-Gemisches und immer als geringer gegenüber einer feststofffreien Blase. Zur Erklärung können folgende Überlegungen herangezogen werden.

Nach GÖTTE [59] ist das Adsorptionsvermögen der an den Blasen haftenden Kohleteilchen maßgebend für die Herabsetzung der Oberflächenspannung der Schaumblasen. Diese Aussage steht in Übereinstimmung mit den in Abb. 32, Seite 73, dargestellten Versuchsergebnissen. Je mehr Zusatzmittel an den Feststoffoberflächen angelagert sind, desto größer ist die Wahrscheinlichkeit, daß Reagenzmoleküle in die Blasenlamellen einwandern und somit die Oberflächenspannung beeinflussen.

Als weitere Ursache für eine stärkere Herabsetzung der Oberflächenspannung durch eine Feststoffbeladung der Blase kommt die Schwächung der Lamelle in Frage, die als Folge eines Aufreißens oder Beschädigens der Blase entstehen kann.

Aus Abb. 32, Seite 73, ist zu erkennen, daß die Oberflächenspannung einer Schaumblase mit dem Aschegehalt des Feststoffs ansteigt.

Diese Ergebnisse stehen im scheinbaren Widerspruch zu den in Abschnitt 9.11, Seite 41, beschriebenen Versuchen. Dort wurde gezeigt, daß mit steigendem Aschegehalt des Feststoffs die Oberflächenspannung der Trübe abnimmt; sich also umgekehrt wie bei einer Schaumblase verhält. Die entgegengesetzten Ergebnisse lassen sich wie folgt erklären.

Je höher der Aschegehalt ist, desto geringer wird die absolute Menge der vom Feststoff absorbierten Flotationsmittel, die bei Vergrößerung der Blasenoberfläche vom Feststoff in das Lamellenwasser zurückgehen können. Da bei höherem Aschegehalt des Feststoffs weniger Kohleteilchen an der Blase anhaften, wird die mechanische Beanspruchung der Blasenlamelle geringer. Mit zunehmendem Aschegehalt des Feststoffs strebt, wie die Kurven der Abb. 32, Seite 73, zeigen, die Oberflächenspannung der Blase dem Wert der feststofffreien Blase zu.

Nach den Ergebnissen dieser Versuche erscheint es gesichert, daß der Temperatureinfluß auch im Blasenverband, dem Schaum, wirksam wird.

Aus Arbeiten von FREUNDLICH [2], MANEGOLD [14] und WOLF [23] ist bekannt, daß die Oberflächenspannung einer Lösung keinen unmittelbaren Einfluß auf die Beständigkeit des Schaums nehmen muß. Eigene Versuche, von denen im folgenden berichtet werden soll, und Untersuchungen von PETERSEN [4], DE VRIES [21], BITER [37] und anderen lassen erkennen, daß im Bereich der bei der Flotation üblichen niedrigen Reagenzzugabe, die für die durchgeführten Versuche in Anlage 5 angegeben sind, eine deutliche Abhängigkeit der Schaumbildung, der Lebensdauer und der Tragfähigkeit des Schaums

von der Höhe der Oberflächenspannung besteht. In diesem Bereich niedriger Reagenzzugaben verläuft die $\sigma/c$-Kurve steil, das heißt, daß eine geringfügige Änderung der
Reagenzmenge einen starken Einfluß auf die Größe der Oberflächenspannung ausübt.
Es soll im folgenden untersucht werden, wie sich Schaumhöhe, Lebensdauer und Tragfähigkeit des Schaums mit der Erwärmung der Reagenzien ändern.


### 9.22 Schaumhöhe in Abhängigkeit von der Reagenztemperatur

Die im folgenden beschriebenen Versuche haben die Aufgabe, einen Überblick auf den
Einfluß der Reagenztemperatur auf die Schaumhöhe zu gehen. Die Messung der
Schaumhöhe ist ein verhältnismäßig grobes Untersuchungsverfahren, das ein Erkennen
geringer Unterschiede nur schwer ermöglicht.
Um den Einfluß der Durchwirbelung in der Zelle mitzuerfassen, wurden die Unter-
suchungen in der MS-Zelle durchgeführt. Während der Versuche fand kein Schaum-
abzug statt.
Durch die Erhöhung der Temperatur und das Emulgieren der Reagenzien wird die
Schaumhöhe, wie Abb. 33, Seite 74, zeigt, nur geringfügig beeinflußt.
Neben der Schaumhöhe kommt der im folgenden untersuchten Lebensdauer des Schaums
für den Flotationsvorgang – besonders auch im praktischen Betrieb – besondere Bedeutung zu.


### 9.23 Lebensdauer einer einzelnen Schaumblase und des Flotationsschaums bei Verwendung von Reagenzien unterschiedlicher Temperatur

Zunächst sollte die Lebensdauer bzw. die Haltbarkeit einer einzelnen Schaumblase
untersucht und dann der gesamte Flotationsschaum betrachtet werden. Um die Vergleichbarkeit der Versuche zu gewährleisten, wurden folgende Festlegungen getroffen.
Unter der Lebensdauer einer einzelnen freischwebenden Blase ist die Zeitspanne zwischen dem Überschreiten des höchsten Krümmungsdrucks $P_k$, der in Abb. 31, Seite 73,
angegeben ist, und dem Platzen der Blase zu verstehen. Als Lebensdauer der Blasen des
Schaums wird die Zeitspanne zwischen dem Abschalten des Rührwerks und dem Ver-
schwinden des gesamten Schaums von der Flüssigkeitsoberfläche verstanden; dabei
wurden die Randblasen vernachlässigt, die auf Grund ihrer Lage eine längere Lebensdauer aufwiesen.
Zur Ermittlung der Lebensdauer einer einzelnen feststofffreien und einer einzelnen
feststoffbeladenen Schaumblase wurde das auf Seite 46 beschriebene Gerät und für die
Untersuchungen an feststofffreiem und feststoffbeladenem Schaum die MS-Flotationszelle verwendet. Zur Erzeugung des Schaums wurde die Trübe 3 min lang gerührt.
Die Versuche wurden an einer einzelnen Blase 10mal und beim Schaum 2mal wieder-
holt. Die Reinheit der Zelle wurde durch Oberflächenspannungsmessungen geprüft.
Die Ergebnisse der Untersuchungen sind in den Anlagen 48 und 49 und für die bei
den Flotationsversuchen übliche Oktanolmenge von 18,0 mg/l in Tab. 12 dargestellt.
In dem untersuchten Bereich von 10,9 bis 324 mg/l Oktanolzugabe erhöht sich die
Lebensdauer einer feststofffreien Blase von 17 s auf 605 s und eines feststofffreien
Schaums von 264 s auf 2645 s. Beide Versuchsgruppen – in den Anlagen 48 und 49
dargestellt – zeigen übereinstimmend den Einfluß der Temperatur des Zusatzmittels.
Durch Erwärmen von Oktanol von 20°C auf 80°C erhöht sich die Lebensdauer einer
feststofffreien Schaumblase um durchschnittlich 24% und die des feststofffreien Schaums
um ungefähr 33%.


50

*Tab. 12 Lebensdauer einer Schaumblase und eines Schaums mit und ohne Feststoff*
Flotationsmittel 18,0 mg/l Oktanol

| Reagenztemperatur | Ohne Feststoff | | Mit Feststoff | |
| | Blase | Schaum | Blase | Schaum |
| | Lebensdauer | | Lebensdauer | |
| °C | s | s | s | Std. |
| --- | --- | --- | --- | --- |
| 20 | 30 | 452 | 10 | 30 |
| 80 | 37 | 600 | 8 | 30 |
| 20   3 s emulgiert | 39 | 628 | 11 | 30 |

Im Gegensatz hierzu stehen feststo ffbeladene Schaumblasen und Schaum, deren Lebensdauer durch Erwärmen der Reagenzien nicht beeinflußt werden kann.

Die Lebensdauer einer einzelnen freischwebenden Schaumblase hängt außer von ihrer Oberflächenspannung in erster Linie von der mechanischen Beanspruchung durch den anhaftenden Feststoff ab. Er beeinflußt sie weit mehr als die durch Erwärmen der Zusatzmittel hervorgerufene stärkere Herabsetzung der Oberflächenspannung.

Entsprechendes gilt für den feststoffbeladenen Schaum, der auf Grund der stützenden Wirkung des Feststoffs eine wesentlich längere Lebensdauer besitzt. Für die Messung kommt bei einer großen Beständigkeit noch die Schwierigkeit der genauen Bestimmung des Zeitpunktes hinzu, an dem der gesamte Schaum auf der Trübeoberfläche verschwunden ist.

Die Lebensdauer einer feststofffreien Schaumblase hängt im Bereich der untersuchten Reagenzzugaben von 10,0 bis 324 mg/l unmittelbar von der Herabsetzung der Oberflächenspannung ab. Durch Erwärmen der Flotationsmittel vor ihrer Zerteilung wird die Anzahl der Reagenztröpfchen und deren wirksame Oberfläche vergrößert, und es kommt zu einer dichteren Besetzung der Oberflächenfilme der Blasenlamelle mit oberflächenaktiven Reagenzien. Das Abfließen der zwischenlamellaren Flüssigkeit wird durch die in diese Schicht eintauchenden hydrophilen Molekülgruppen erschwert.

Nach WOLF [23] kann die Lamellenstärke in weiten Grenzen schwanken; sie nimmt in der Regel mit dem Alter der Blase ab, da die zwischenlamellare Flüssigkeit zum unteren Teil der Blase abfließt. Die Lamellenstärke konnte aus dem bekannten Flüssigkeitsvolumen in dem Blasenhalter, der in Abb. 28, Seite 71, dargestellt ist und dem Blasendurchmesser ermittelt werden; dabei wird mit einer gleichen Wandstärke über den ganzen Umfang gerechnet. Die Ergebnisse sind in den Anlagen 46 und 47 festgehalten. Die Blasenlamellen waren mit durchschnittlich 20 bis 40 $\mu$ verhältnismäßig dick.

Diese Versuchsergebnisse zeigen, daß mit Zunahme der Menge und der Erwärmung des Oktanols der Blasendurchmesser bei gleichzeitiger Verringerung der Lamellenstärke größer wird. Sie beträgt – siehe Anlage 46 – bei einer Oktanolzugabe von 10,8 mg/l bei 20°C 40 $\mu$ und bei 80°C 35 $\mu$. Wird die Oktanolmenge auf 324,0 mg/l erhöht, so liegen die entsprechenden Werte für 20°C bei 27 $\mu$ und für 80°C bei 20 $\mu$.

Eine dichtere Besetzung der Oberflächenfilme der Blasenlamelle mit Reagenzien, die durch eine Steigerung sowohl der Zugabe als auch innerhalb bestimmter Grenzen durch Erwärmen der Flotationsmittel erreicht werden kann, ermöglicht eine Vergrößerung der Blasenoberfläche, die eine Verringerung der Lamellenstärke zur Folge hat.

Durch Erwärmen des Oktanols von 20 auf 80°C bzw. durch Emulgieren wird die Stärke der Blasenlamelle durchschnittlich um 6 bis 7 $\mu$ verringert. Dieser verhältnismäßig geringe Betrag erhält Bedeutung, wenn die bei WOLF [23] dargelegten theoretischen Überlegungen von GIBBS beachtet werden. Sie besagen, daß die Abflußgeschwindigkeit der zwischenlamellaren Flüssigkeit bei der Stärke einer feststofffreien Lamelle von 10 µ ungefähr 0,01 cm/s und bei einer Stärke von 0,2 µ etwa 0,01 cm/h beträgt. Wendet man diese Ergebnisse auf die durchgeführten Versuche an, so ist mit Sicherheit eine Verminderung der Abflußgeschwindigkeit der zwischenlamellaren Flüssigkeit durch Erwärmen von Oktanol von 20 auf 80 °C zu erwarten; dies hat eine längere Lebensdauer von Blase und Schaum zu Folge.

### 9.24 Tragfähigkeit des Schaums in Abhängigkeit von der Reagenztemperatur

Für den Flotationsvorgang ist die Tragfähigkeit des Schaums von Bedeutung. Ein Maß hierfür wurde in dem Verhältnis des Gewichts des Feststoffs $q$ im Schaum zum Schaumvolumen $V$ gefunden, das im folgenden als Tragzahl gekennzeichnet werden soll.

$$T = \frac{q}{V} \left[ \frac{\text{g}}{\text{cm}^3} \right]$$

Eine niedrigere Tragzahl deutet auf einen feststoffarmen Schaum hin.

Die Versuche zur Ermittlung der Tragzahl wurden in der auf Seite 9 beschriebenen MS-Flotationszelle mit Oktanol bei Temperaturen von 20 bis 80 °C sowie nach 3 s Emulgierdauer durchgeführt. Der Schaum konnte in einem geeichten Gefäß aufgefangen und der Feststoff nach der Trocknung gewogen werden.
Abb. 34, Seite 74, zeigt die Ergebnisse der Untersuchungen. Es ist einmal zu erkennen, daß die Tragzahl vom ersten bis vierten Konzentrat fällt, das heißt, daß mit fortschreitender Flotationsdauer der Durchmesser der Schaumblasen größer wird, eine aus dem praktischen Flotationsbetrieb bekannte Erscheinung, und daß zum anderen in dieser Reihenfolge der Einfluß der Erwärmung von Oktanol von 20 auf 80 °C zunimmt, die im ersten Konzentrat eine Erhöhung der Tragzahl von 0,25 auf 0,27 und im vierten Konzentrat eine Verminderung von 0,19 auf 0,15 bewirkt.
Die Verminderung der Tragzahl mit fortschreitender Flotationszeit ist einmal auf die Verarmung der Trübe an Feststoff zurückzuführen und zum anderen durch die damit zusammenhängende Vergrößerung der Durchmesser der Blasen im Schaum hervorgerufen, die aus dem Schrifttum [21, 53] und den durchgeführten Versuchen bekannt ist.
Die Temperatur der Flotationsmittel beeinflußt die Abnahme der Tragzahl insofern, als die Trübe durch die höhere Flotationsgeschwindigkeit schneller an Feststoff verarmt, und auf Grund der stärkeren Zerteilung des Oktanols eine größere Anzahl oberflächenaktiver Reagenzmoleküle für die Schaumbildung zur Verfügung stehen, da die Menge der zugegebenen Reagenzien für jedes Konzentrat bei den gewählten Temperaturen unverändert blieb.


## 10. Zusammenfassung

In der vorliegenden Arbeit wurde untersucht, wie sich die Erwärmung von Reagenzien auf das Ergebnis der Flotation von Steinkohlenschlämmen auswirkt. Zu den Versuchen wurden Alkohole und Xylenole, deren chemische Zusammensetzung und physikalisches Verhalten bekannt sind, verwendet. Weiterhin wurden die im praktischen Flotationsbetrieb gebräuchlichen Schwimmittel Teeröl und Flotol in die Untersuchungen miteinbezogen. Als Flotationsgut diente Flotationsaufgabe der Zeche Adolf und der Zeche Emil Mayrisch des Eschweiler Bergwerks-Vereins, mit 21,6 und 27,8 Gew.-% zu verflüchtigenden Bestandteilen.

Aus den Flotationsergebnissen muß gefolgert werden, daß für die Beeinflussung des Flotationsergebnisses durch die Temperatur der Reagenzien folgende Voraussetzungen von Bedeutung sind:

1. Der Unterschied zwischen Flotationsmittel- und Trübetemperatur
2. Die Wasserlöslichkeit der Reagenzien
3. Die Zeitdauer, die ein erwärmter Reagenztropfen benötigt, um sich auf die Trübetemperatur abzukühlen
4. Die zugegebene Flotationsmittelmenge
5. Die Strömungsverhältnisse in der Flotationszelle

Die Temperaturerhöhung der Reagenzien hat auf das Flotationsergebnis folgende Auswirkungen:

1. Das Flotationsergebnis wird mit steigender Temperatur der wasserunlöslichen und schwer wasserlöslichen verbessert. Mengenwirkungsgrad und Mengenausbringen des Schwimmguts steigen. Bei wasserlöslichen Reagenzien ist kein Temperatureinfluß nachzuweisen.
2. Die Menge des aschereichen Feinstkorns $< 0,1$ mm im Schwimmgut wird besonders im ersten Konzentrat geringfügig gesteigert.
3. Die Flotationsgeschwindigkeit wird erhöht.
4. Der Einfluß einer Erhöhung des Feststoffgehalts der Trübe wird undeutlicher.
5. Der Temperatureinfluß der Reagenzien ist auch bei der Flotation junger Kohlen deutlich zu erkennen.
6. Der Verbrauch an Flotationsmittel kann um 10–30 Gew.-% verringert werden.
7. Die Oberflächenspannung von Wasser und einzelnen freischwebenden Schaumblasen wird stärker herabgesetzt.
8. Die Lebensdauer der einzelnen Schaumblasen wird erhöht.
9. Die Tragfähigkeit des Schaums wird gesteigert.

# Literaturverzeichnis


[1]  BEILSTEIN, Handbuch der organ. Chemie. Springer Verlag, Berlin.

[2]  FREUNDLICH, H., Kapillarchemie. 2. Auflage, Leipzig, Akademische Verlagsgesellschaft, 1922.

[3]  GÖTTE, A., Grundlagen der Steinkohlenflotation. Glückauf 1934, Nr. 13, S. 293–297.

[4]  PETERSEN, W., Schwimmaufbereitung. Dresden und Leipzig 1936.

[5]  GÖTTE, A., Flotationsmittel für die Schaumschwimmaufbereitung der Steinkohle. Glückauf 77 (1941), S. 707–711.

[6]  NEUNHÖFFER, G., Grundlagen der Schaumaufbereitung. Dresden und Leipzig 1948.

[7]  D'ANS, J., Taschenbuch für Chemiker und Physiker. Berlin–Göttingen–Heidelberg 1949.

[8]  GÖTTE, A., Flotation von Steinkohlenschlämmen mit Xanthaten. Glückauf, Heft 25/26, S. 493–498, 1950.

[9]  KOGLIN, W., Kurzes Handbuch der Chemie. Vandenhoek u. Ruprecht, Göttingen 1951.

[10]  WINKLER, H., Der Steinkohlenteer und seine Aufbereitung. Essen, Verlag Glückauf, 1951.

[11]  ZERBE, G., Mineralöle und verwandte Produkte. Berlin, Springer Verlag, 1952.

[12]  MANEGOLD, E., Emulsionen. Heidelberg 1952, Verlag für Straßenbau, Chemie und Technik.

[13]  BAILEY, R., The influence of Pulp Temperature on the Froth Flotation. Journal of the Institute of Fuel (Engl.), Jan. 1935, S. 304–307.

[14]  MANEGOLD, E., Schaum. Heidelberg, Verlag für Straßenbau, Chemie und Technik mbH, 1953.

[15]  HEIDENREICH, H., Die Erfolgsberechnung im Aufbereitungsbetrieb, Verlag Glückauf, Essen 1954.

[16]  SUTHERLAND, K. L., Principles of Flotation. Austral. Inst. of Mining and Metallurgy, Melbourne 1955.

[17]  SUN, S. G., und L. Y. TU, Mineral Flotation with Ultrasonically Emulsified Collecting Reagents. Mining Engineering, July 1955, S. 656–660.

[18]  WUNDT, H., und O. SCHÄFER, Die Erfolgsberechnung in der Steinkohlenaufbereitung. Bergbau-Archiv 17 (1956), Heft 1/2, S. 78–151.

[19]  EDER, F., Moderne Meßmethoden der Physik, Teil III, Thermodynamik. VEB Verlag der Wissenschaften, Berlin 1956.

[20]  GAUDIN, A. M., Flotation, McGraw-Hill Book Co., New York 1957.

[21]  DE VRIES, J. A., Foam Stability. Dissertation, Amsterdam 1957.

[22]  SCHOLZ, G., Untersuchungen zur Unterstützung der Entwässerung von Feinkohle durch chemische Hilfsmittel. Dissertation, TH Aachen 1957.

[23]  WOLF, K. F., Physik und Chemie der Grenzflächen. Berlin–Göttingen–Heidelberg, Springer Verlag, Bd. I 1957, Bd. II 1959.

[24]  GÖTTE, A., Grundlagen und Probleme in der Feinstkornaufbereitung. Aachener Blätter 7 (1957), Heft 1, S. 1–41.

[25]  BELUGOU, P., Forschungsergebnisse über die Verbesserung der Flotation und ihre Anwendbarkeit im Betrieb. Glückauf 93 (1957), S. 313–321.

[26]  KLASSEN, W. J., Über den molekularen Wirkungsmechanismus der Reagenzsammler bei der Befestigung der Körner an Bläschen. Buntmetalle (russ.), Heft 7, 1957, S. 9–13.

[27]  LIWSCHIZ, K. K., Zur Frage über die Stabilität der Flotationsschäume. Buntmetalle (russ.), Heft 1, 1957, S. 14–23.

[28]  SIGNER, R., und K. BERNEIS, Über den zeitlichen Gang der Oberflächenspannung von wäßrigen und nichtwäßrigen Lösungen. Zeitschrift für Naturforschung, 1957, 261.

[29]  KRAEMER, R., Experimentelle Erprobung des Blasendruckverfahrens zur Messung der Oberflächenspannung. Dissertation, TH Karlsruhe 1958.

[30]  BENNERT, A. J., 3. Internationaler Kongreß für Steinkohlenaufbereitung, Lüttich 1958. Bericht E 1, S. 480–491.

[31]  KLASSEN, W. J., 3. Internationaler Kongreß für Steinkohlenaufbereitung, Lüttich 1958. Bericht E 2, S. 493–498.

[32]  BELUGOU, P., 3. Internationaler Kongreß für Steinkohlenaufbereitung, Lüttich 1958. Bericht E 3, S. 499–512.

[33]  SMIDT, O., Untersuchungen über die Behandlung des Feinstkorns in der deutschen Steinkohlenaufbereitung. Glückauf 94 (1958), Heft 45/46, S. 1916–1933.

[34]  BRUNS, Untersuchungen zur Ermittlung der Oberflächenspannung in Schaumblasen. Aachen 1959, unveröffentlicht.

[35]  ROBINSON, F. D., Relationship between Particle Size and Collector Concentration. Institute of Mining and Metallurgy, 1960, S. 45–62.

[36]  Sammelband »Der deutsche Steinkohlenbergbau« 1960, Bd. IV, S. 351.

[37]  BITTER, J., Über die Stabilität der bei der Steinkohlenflotation anfallenden Schäume. Aufbereitungstechnik 1960, Heft 12, S. 528–531.

[38]  SALLMANN, K., Present State of Coal Flotation in West Germany. Mining Engineering, 1961, Sept., S. 1069–1071.

[39]  GAYLE, J. B., Laboratory investigation of the effect of temperature on coal Flotation. US Department of the Interior, Report of Investigations 5852, 1961.

[40]  KARRER, P., Lehrbuch der organ. Chemie. 14. Aufl., Stuttgart 1963.

[41]  SCHÄFER, O., Untersuchungen über das Convertolverfahren. Dissertation, TH Aachen 1961.

[42]  GÖTTE, A., Heutige Steinkohlenaufbereitung. Technische Mitteilungen, 1960, Heft 6, S. 373–391.

[43]  SIEDLER, PH., G. SANDSTEDE und H. FRANK, Über die Abhängigkeit der Flotierbarkeit von Mineralien vom Bedeckungsgrad ihrer Oberfläche mit Sammlerionen. Zeitschrift für Erzbergbau und Metallhüttenwesen, 1962, Bd. XV, Heft 6, S. 293–299.

[44]  FÜRSTENAU, D. W., Froth Flotation, 50th Anniversary Volume; The American Institute of Mining, Metallurgical and Petroleum Engineers, Inc. New York 1962.

[45]  PLAKSIN, I. N., Cornyj yurnal 5. (1962) II 155/56.

[46]  v. BARDELEBEN, H., Studienarbeit. Institut für Aufbereitung, unveröffentlicht, TH Aachen 1962.

[47]  GÖTTE, A., und W. FLÖTER, Untersuchungen zur Wirkung von Flockungsmitteln und deren Einfluß auf die Flotation und Entwässerung feiner Steinkohlen. 1962.

[48]  MALATI, M. A., Surface tension measurement in flotation research. Mine & Quarry Engineering, Dec. 1962, S. 539–543.

[49]  GRÜNDER, W., Kennzeichnung der Flotationsfeinheit durch die spezifische Oberfläche. Bergbauwissenschaften, 9, 1962, Heft 15/16, S. 382 ff.

[50]  KLASSEN, W. I., S. I. KROCHIN und S. A. TICHOW, Einfluß der Besetzung der Kontaktfläche der Luftbläschen mit Mineralteilchen. Buntmetalle (russ.), Heft 4, 1962, S. 9–11.

[51]  SMIDT, O., und J. REUTER, Neuerungen und Probleme auf dem Gebiet der Feinstkohlenaufbereitung. Glückauf 98 (1962), Heft 23, S. 1334–1342.

[52]  KLASSEN, W. I., Flotation Institute of Mining Academy of Science of the USSR. Moscow, Englische Übersetzung bei Butterworks, London 1963.

[53]  GLEMBOTSKI, V. A., Flotation. Übersetzung aus dem Russischen, New York 1963.

[54]  MEINHARDT, H., Studienarbeit. Institut für Aufbereitung, unveröffentlicht, TH Aachen 1963.

[55] ANDERSEN, L., Studienarbeit. Institut für Aufbereitung, unveröffentlicht, TH Aachen 1963.

[56] FÜRSTENAU, D. W., The role of the hydrocarben chain of alkyl collector in Flotation AIME. New York 1964, Nr. 64, Bd. 36.

[57] GOLIKOW, A. A., Flotationsgeschwindigkeit. Uralmechanbor.

[58] Persönliche Mitteilung der Farbwerke Hoechst, Griesheim 1965.

[59] GÖTTE, A., Einige Überlegungen und Betrachtungen zur Oberflächenspannung in der Flotation und an Flotationsschäumen. Bergakademie 10, 1965, S. 624–629.

[60] YAZAN, A., Untersuchungen über den Einfluß von Stärke auf die Flotation der Mineralien Flußspat, Schwerspat und Kalkspat mit Ölsäure. Dissertation, Aachen 1966.

[61] SCHUBERT, H., Die Rolle unpolarer Zusatzstoffe bei der Schaumflotation. Aufbereitungstechnik, Nr. 7, 1967, S. 365–368.

# Abbildungen

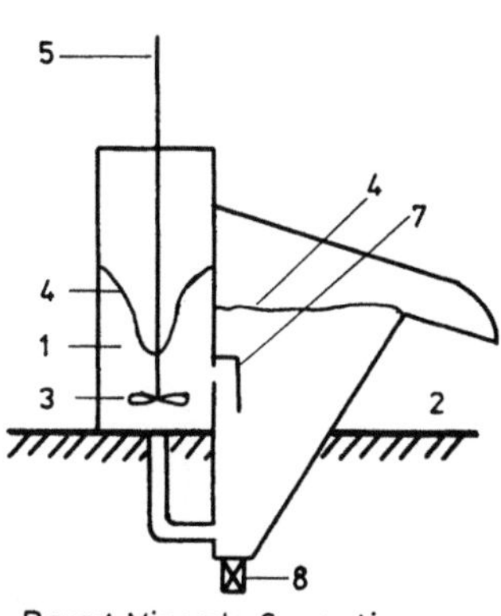
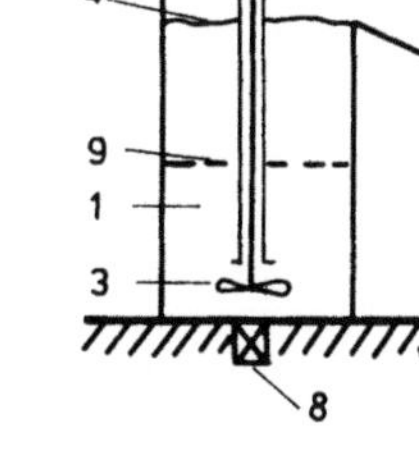


Abb. 1   Versuchszellen der Bauarten Minerals Separation und Denver-Fahrenwald –
Maßstab 1:14

| | | | |
|---|---|---|---|
| 1 | Rührkammer | 6 | Ansaugrohr für Luft |
| 2 | Spitzkasten | 7 | Klappe über dem Durchlaß |
| 3 | Rührflügel | | für schaumige Trübe |
| 4 | Trübeoberfläche | 8 | Ablaßhahn |
| 5 | Rührerwelle | 9 | Beruhigungsrost |

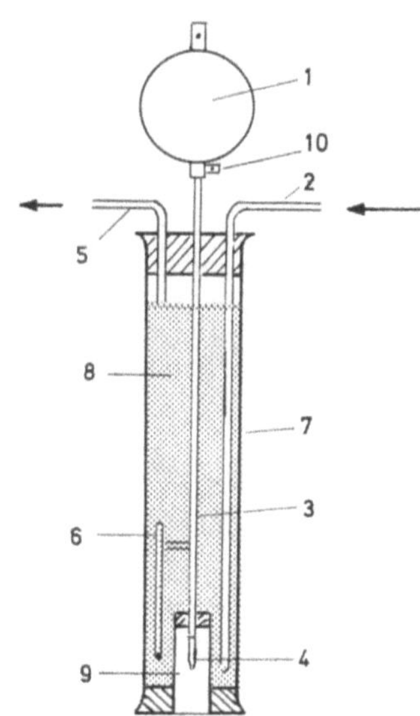


Abb. 2   Gerät für Erwärmung und Dosierung der Flotationsmittel – Maßstab: 1:5

| | | | |
|---|---|---|---|
| 1 | Saugball | 6 | Thermometer |
| 2 | Wasserzulauf vom Thermostaten | 7 | Glaszylinder |
| 3 | Glasrohr für Reagenzien | 8 | Wasserfüllung |
| 4 | Kapillare | 9 | Erwärmter Luftraum |
| 5 | Wasserablauf | 10 | Ventile |

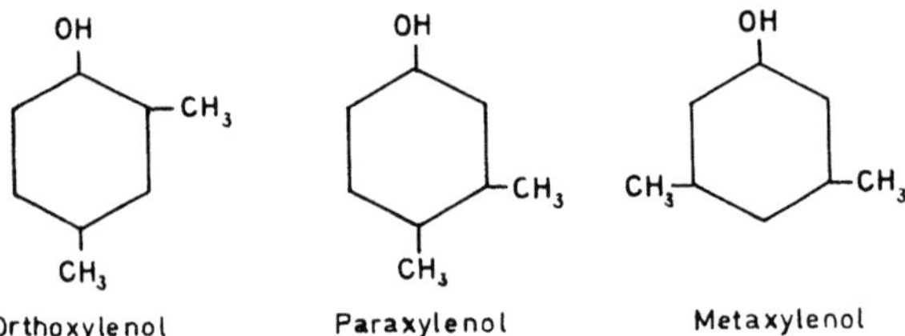


Abb. 3   Molekülaufbau der verwendeten Xylenole

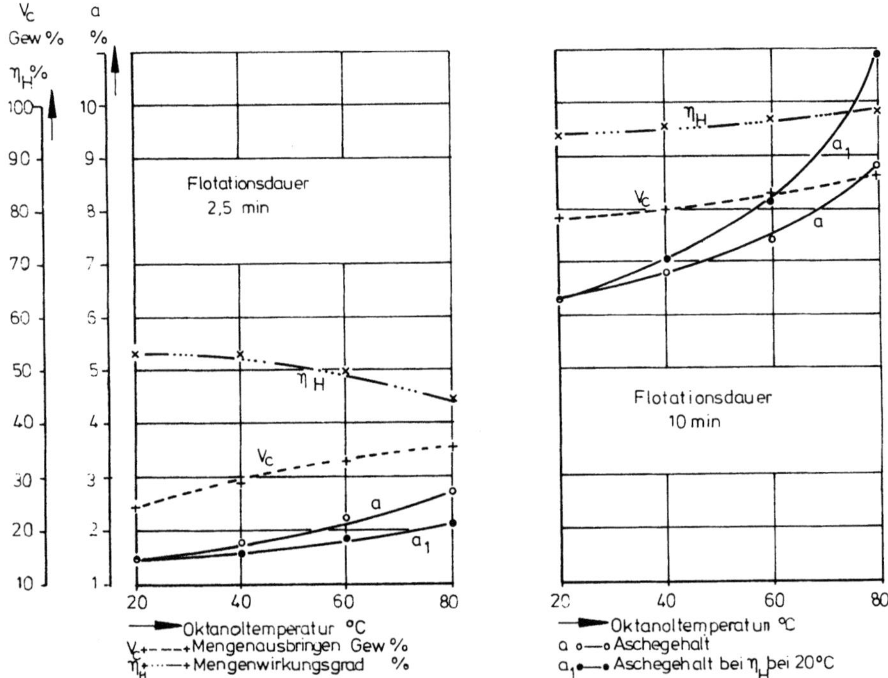


Abb. 4   Gegenüberstellung der Ergebnisse, die beim Ausschwimmen nur des ersten Konzentrats – 2,5 min – und des Gesamtkonzentrats – 10 min – mit Oktanol erhalten wurden

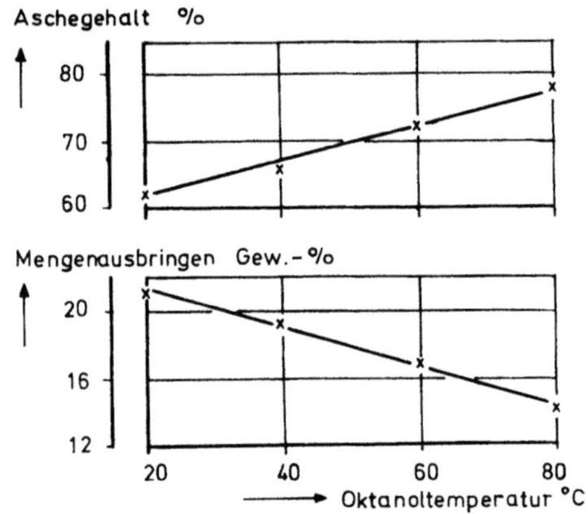


Abb. 5   Aschegehalt und Mengenausbringen der Berge in Abhängigkeit von der Oktanol-temperatur nach einer Flotationsdauer von 10 min
Die Zahlenwerte entstammen der Anlage 7

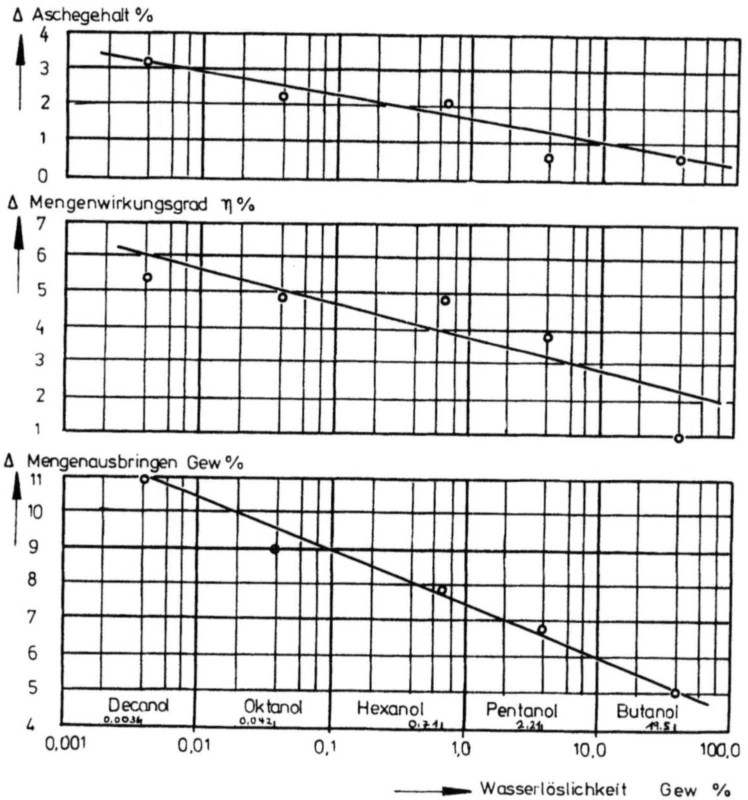


Abb. 6   Verbesserung des Mengenwirkungsgrades $\eta_H$, des Mengenausbringens und des Aschegehalts durch Erwärmen von 20 auf 80°C in Abhängigkeit von der Wasserlöslichkeit der Alkohole
Die Reagenzien sind am jeweiligen Ort ihrer Löslichkeit eingetragen
Die Zahlenwerte sind den Anlagen 6 und 7 entnommen

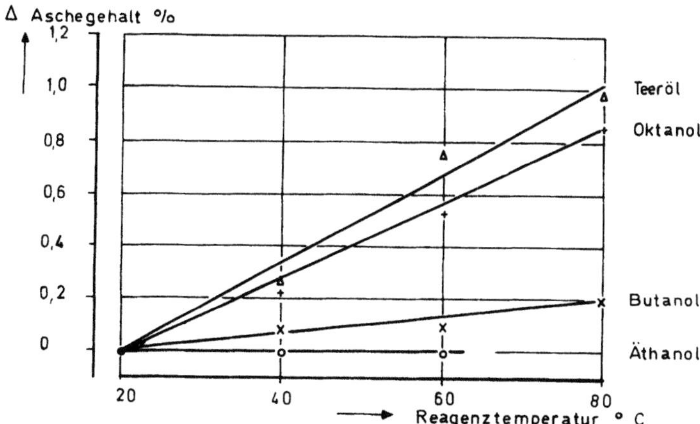


Abb. 7   Zunahme $\Delta a$ des mittleren Aschegehalts des Schwimmguts durch Erhöhung der Reagenztemperatur; bezogen auf ein Mengenausbringen von 40 Gew.-% und eine Reagenztemperatur von 20°C
Die Zahlenwerte sind den Anlagen 6 und 7 entnommen

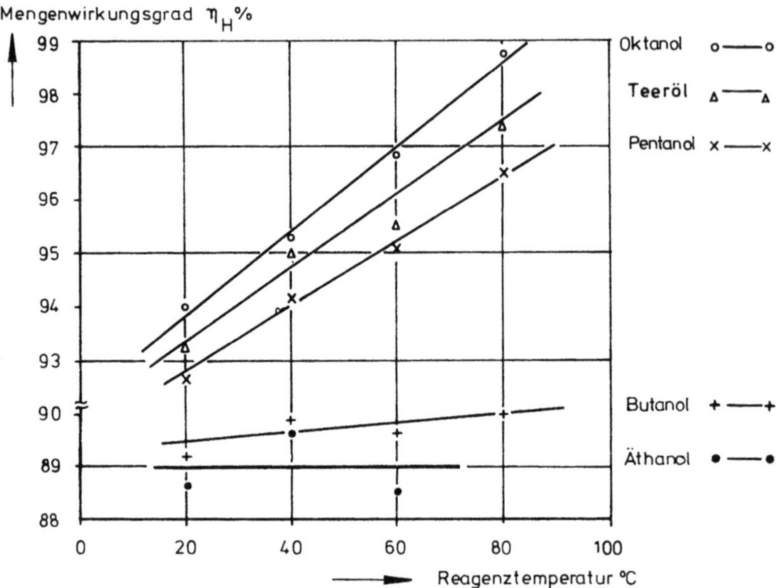


Abb. 8   Mengenwirkungsgrad $\eta_H$ nach HEIDENREICH in Abhängigkeit von der Reagenztemperatur

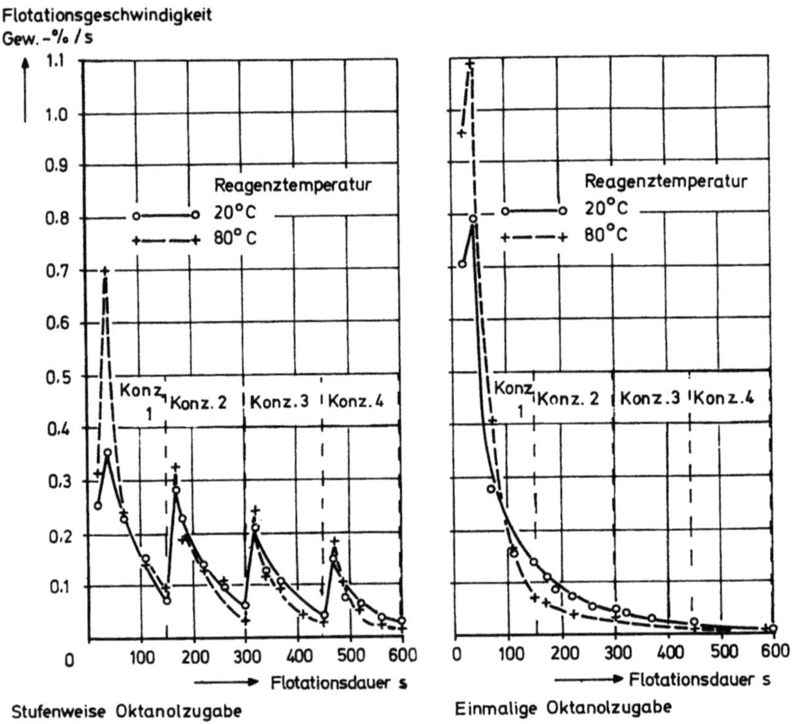


Abb. 9   Flotationsgeschwindigkeit in Abhängigkeit von der Temperatur des Oktanols
Zugabe 120 g/t

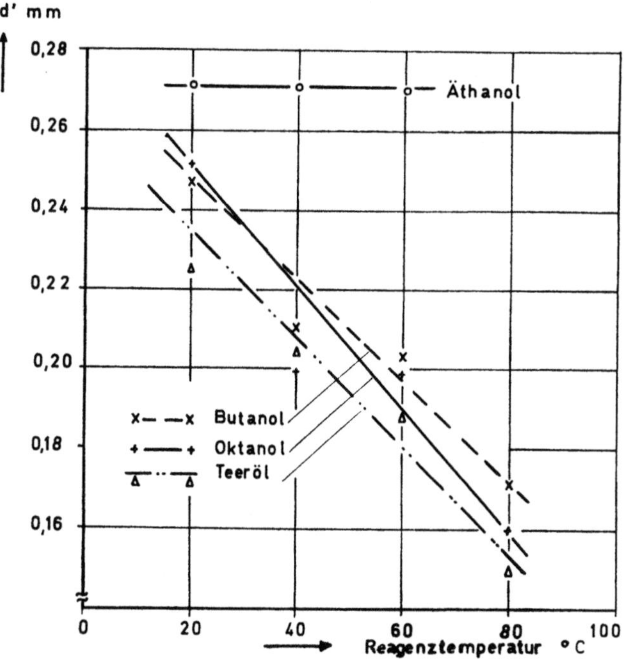



Abb. 10  $d'$-Werte der ersten Flotationskonzentrate in Abhängigkeit von der Temperatur der Flotationsmittel

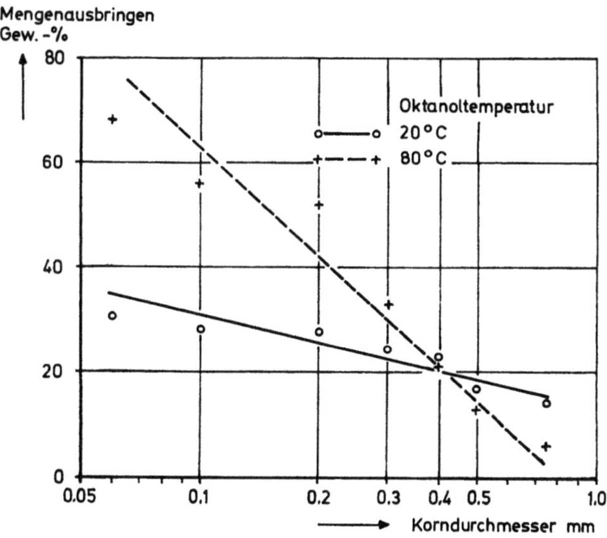



Abb. 11  Oktanol, 20°C und 80°C, Anteile des ausgeschwommenen Feststoffs in bezug auf den in der jeweiligen Kornklasse der Aufgabe enthaltenen Feststoff

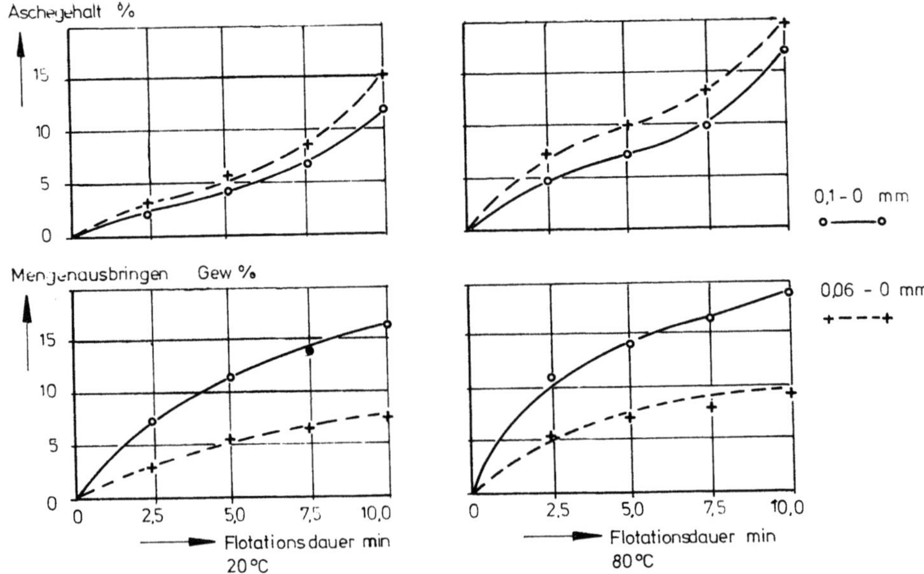


Abb. 12   Gewichtsanteile und Aschegehalt des Feinstkorns der Kornklassen 0,1–0 mm und 0,06–0 mm im Schwimmgut
Die Anteile sind auf den gesamten Feststoff 0,75–0 mm in der Aufgabe bezogen

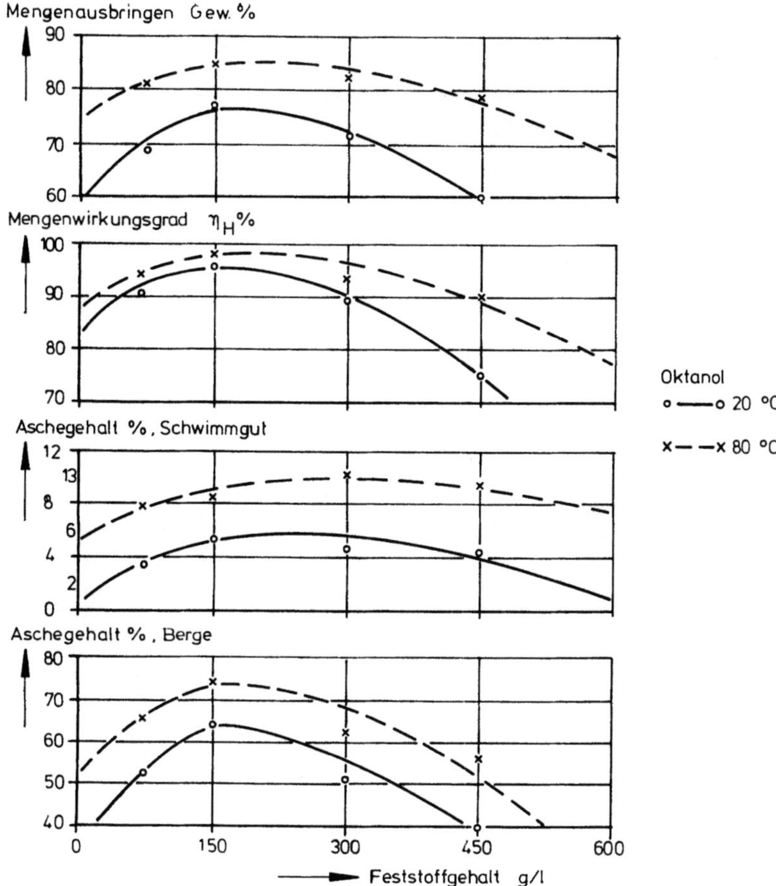


Abb. 13  Mengenausbringen, Mengenwirkungsgrad $\eta_H$ und Aschegehalt der Konzentrate sowie der Aschegehalt der Berge in Abhängigkeit vom Feststoffgehalt der Trübe und der Oktanoltemperatur
Schlamm der Zeche Adolf

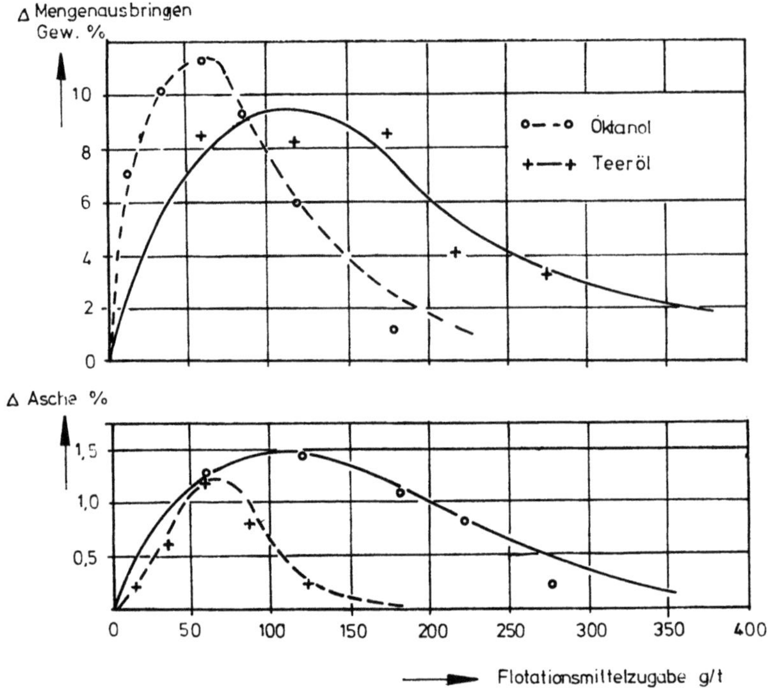


Abb. 14   Zunahme von Mengenausbringen und Aschegehalt durch Erwärmen von Oktanol
und Teeröl von 20 auf 80°C bei steigender Reagenzzugabe
Die absoluten Beträge sind in der Anlage 27 enthalten

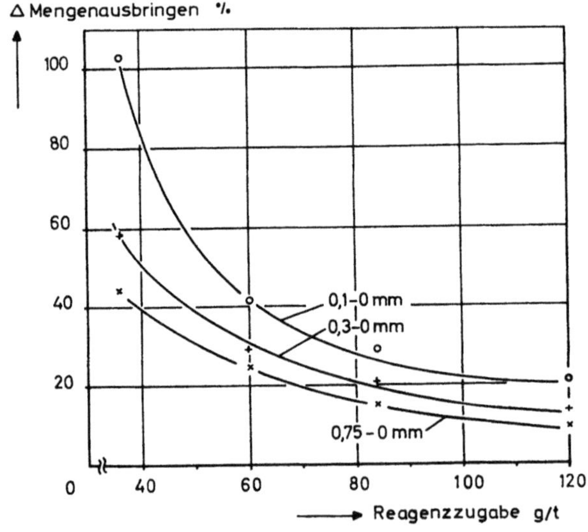


Abb. 15   Zunahme des Mengenausbringens in Prozent, hervorgerufen durch Erwärmen von
Oktanol von 20 auf 80°C in Abhängigkeit von der Feinheit des Aufgabeguts und der
Oktanolzugabe
Die Zahlenwerte sind der Anlage 24, Spalten 1 und 6, entnommen

64

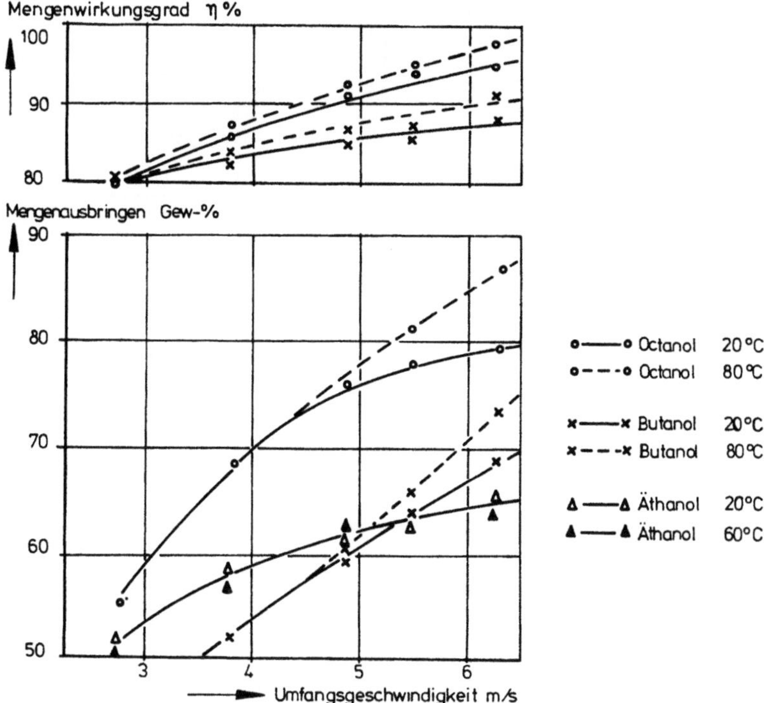



Abb. 16 Einfluß der Umfangsgeschwindigkeit des Rührers auf Mengenausbringen und Mengenwirkungsgrad in einer Minerals-Separation-Zelle
Die Zahlenwerte sind der Anlage 29 entnommen

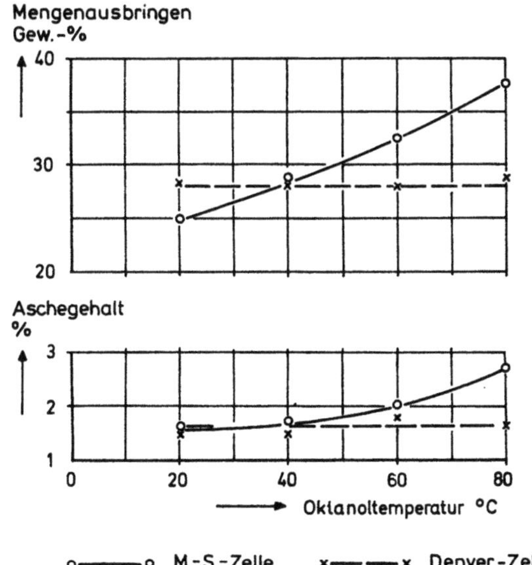



Abb. 17 Einfluß der Zellenbauart auf das Mengenausbringen und den Aschegehalt in Abhängigkeit von der Oktanoltemperatur nach einer Flotationsdauer von 2,5 min
Die Zahlenwerte sind der Anlage 30 entnommen

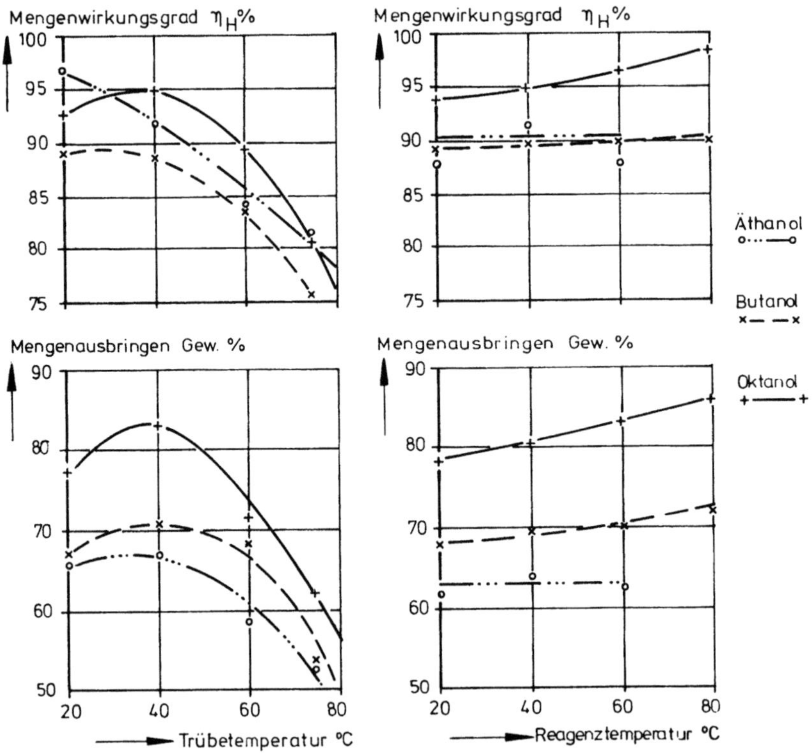



Abb. 18  Vergleichende Darstellung der Flotationsversuche in erwärmter Trübe bei einer Reagenztemperatur von 20°C und mit erwärmten Reagenzien bei einer Trübetemperatur von 20°C

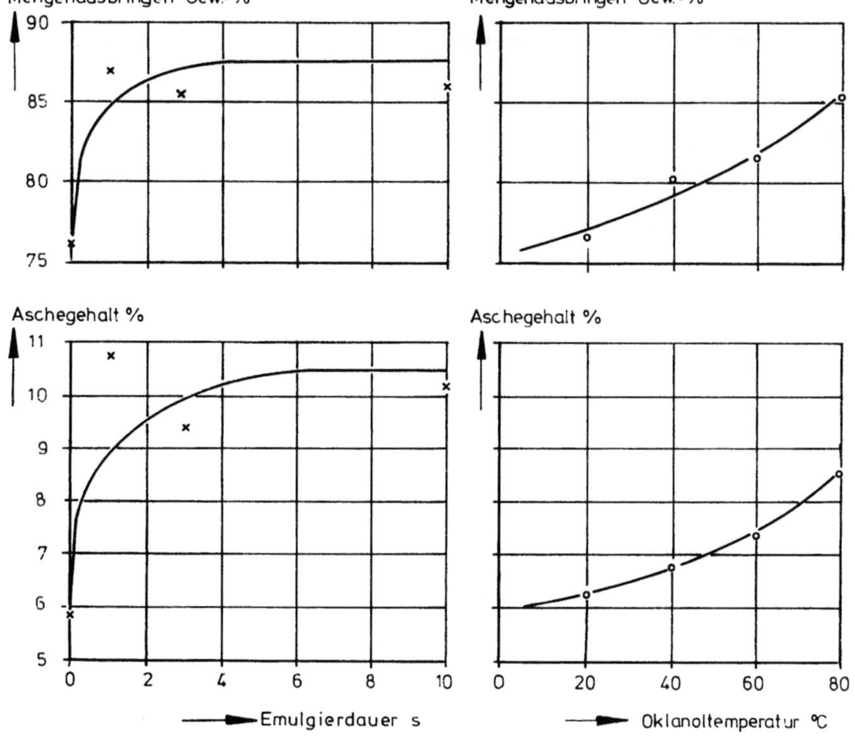


Abb. 19   Gegenüberstellung der Ergebnisse der Versuche mit mechanisch emulgiertem Okta-
nol, linke Hälfte, und mit erwärmtem Oktanol, rechte Hälfte
Flotationsdauer 10 min
Die Zahlenwerte sind den Anlagen 7 und 33 entnommen

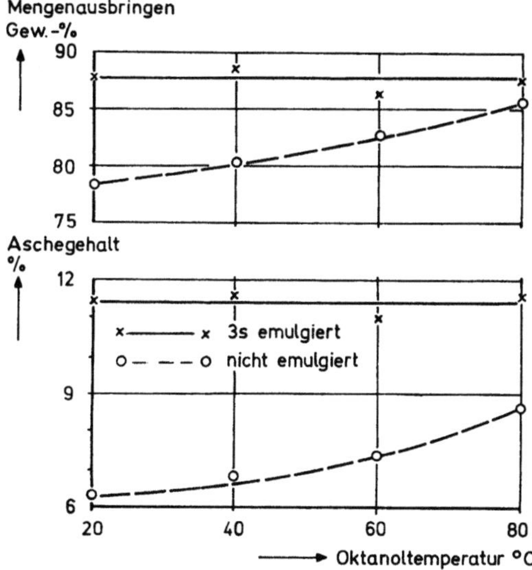


Abb. 20   Ergebnisse der Versuche mit erwärmtem emulgiertem, siehe Anlage 35, und mit
erwärmtem nichtemulgiertem Oktanol, siehe Anlage 7

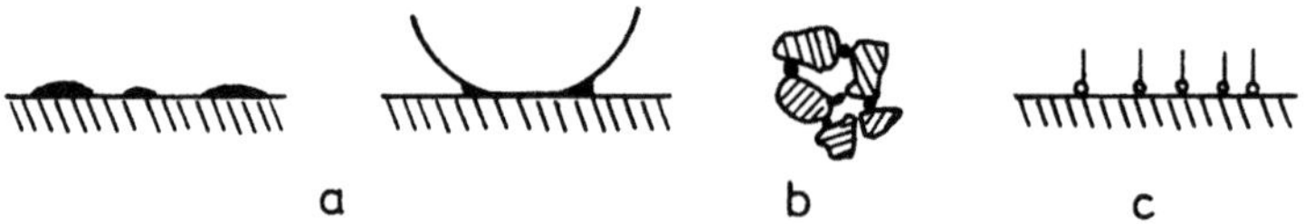


Abb. 21  a Flotationsmitteltropfen auf einer Kohleoberfläche
b Flockung durch Reagenztropfen
c Gelöste Reagenzien auf einer Kohleoberfläche
a, b und c nach KLASSEN [31] und SCHUBERT [61]

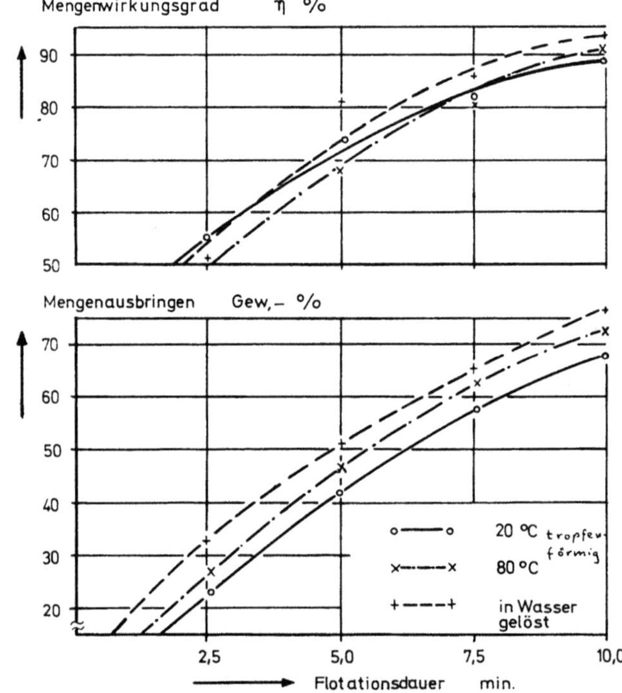


Abb. 22   Flotationsversuche mit in Wasser gelöstem und tropfenförmig zugegebenem Butanol

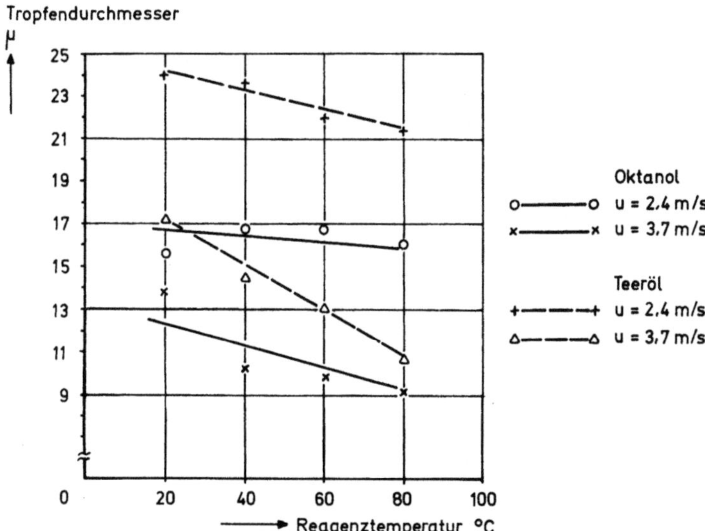



Abb. 23   Durchmesser von Oktanol- und von Teeröltropfen in Abhängigkeit von deren Temperatur und der Umfangsgeschwindigkeit des Rührers

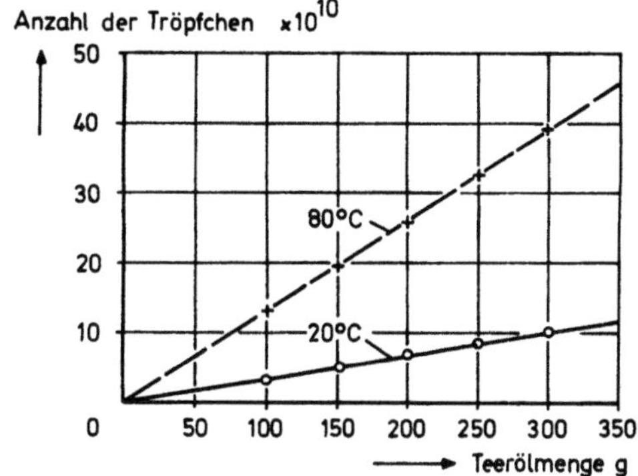



Abb. 24   Anzahl der Teeröltröpfchen in Abhängigkeit von ihrer Temperatur und der Teeröl-menge

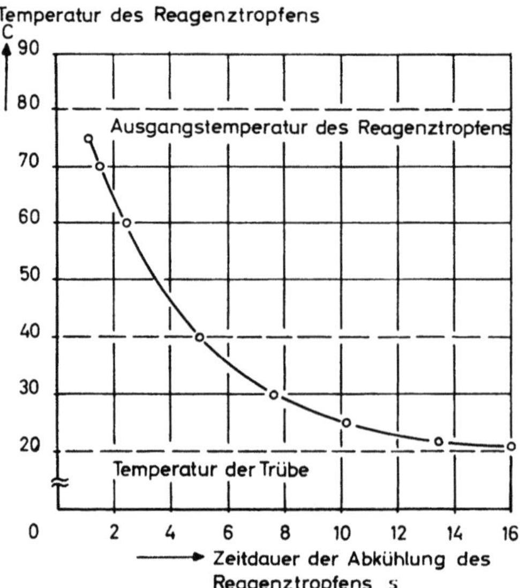


Abb. 25   Zeitlicher Verlauf der Abkühlung eines Oktanoltropfens mit einer Ausgangstemperatur von 80°C in Wasser von 20°C

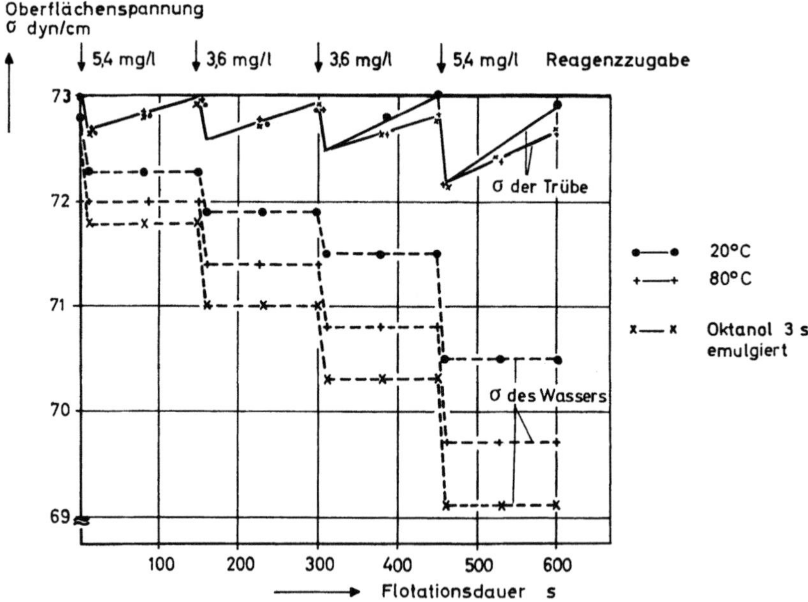


Abb. 26   Verlauf der Oberflächenspannung einer Trübe und eines Wasser-Reagenz-Gemisches
Flotationsmittel: Oktanol
Feststoffgehalt der Trübe: 150 g/l

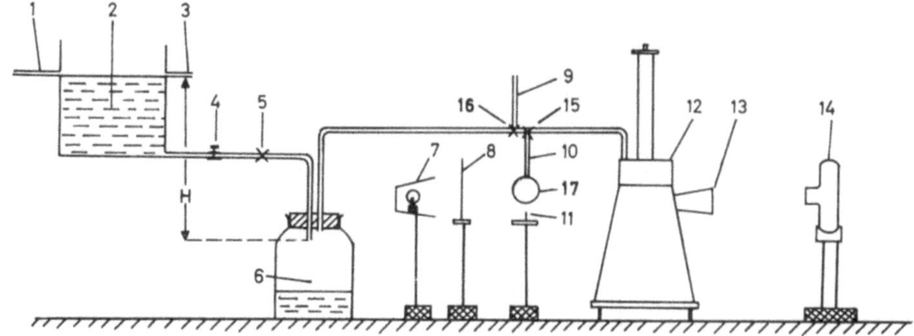

Abb. 27 Versuchsordnung zur Ermittlung der Oberflächenspannung einer Schaumblase

| | | | | | |
|---|---|---|---|---|---|
| 1 | Wasserzulauf | 7 | Beleuchtung | 13 | Druckanzeige |
| 2 | Ausgleichgefäß | 8 | Wärmefilter | 14 | Kamera |
| 3 | Wasserüberlauf | 9 | Entlüftung | 15 | Zweiwegehahn |
| 4 | Schlauchklemme | 10 | Blasenhalter | 16 | Zweiwegehahn |
| 5 | Einwegehahn | 11 | Maßstab | 17 | Schaumblase |
| 6 | Druckerzeuger | 12 | Betzmanometer | | |

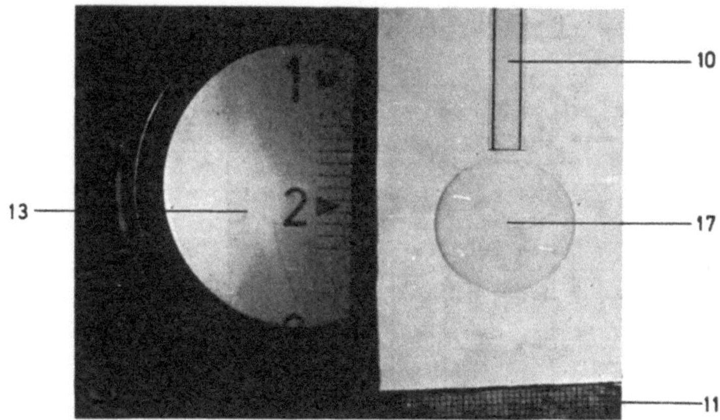

Abb. 28 Fotografische Aufnahme einer Schaumblase und der Druckanzeige des Betzmanometers in mm WS

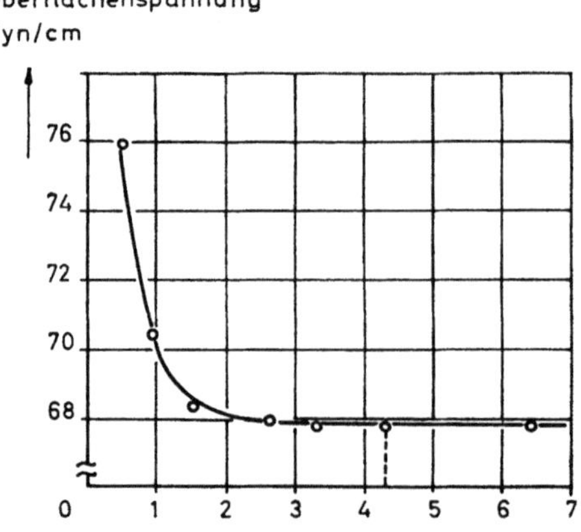


Abb. 29  Abhängigkeit der Oberflächenspannung vom lichten Durchmesser des Blasenhalters
Die Versuche wurden bei $d = 4,3$ mm durchgeführt

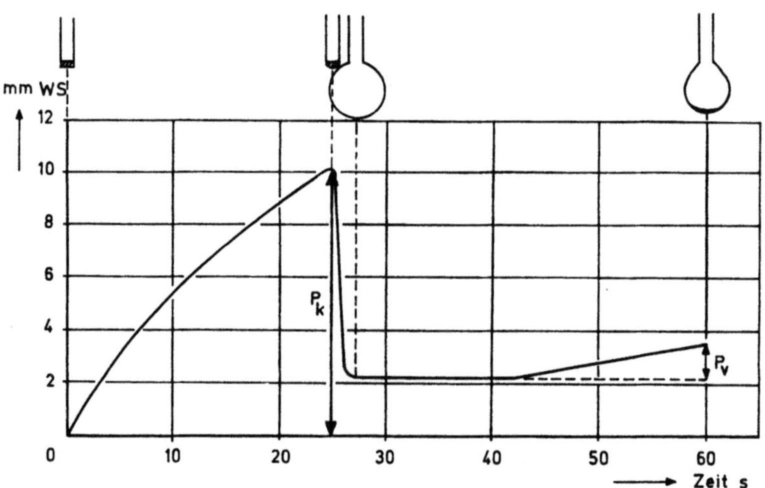


Abb. 30  Verlauf des inneren Überdrucks während der Blasenausbildung
$P_k$ = höchster Krümmungsdruck

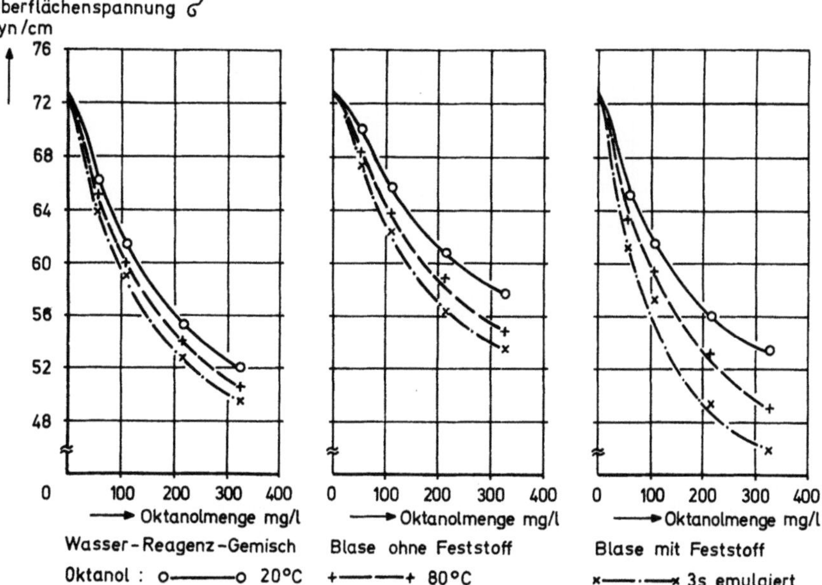



Abb. 31   Oberflächenspannung einer Wasser-Oktanol-Mischung und einer feststofffreien und einer feststoffbeladenen Blase

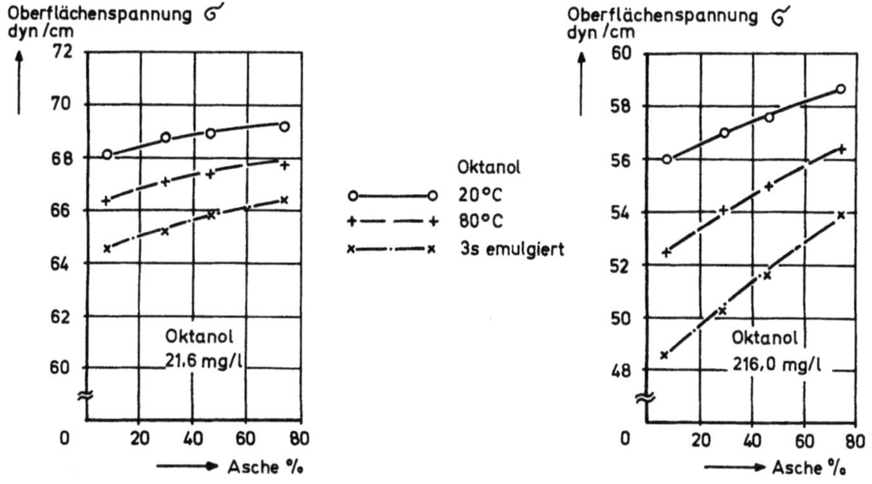



Abb. 32   Oberflächenspannung einer Schaumblase in Abhängigkeit vom Aschegehalt des anhaftenden Feststoffs bei unterschiedlicher Oktanolzugabe
Feststoffoberfläche, 3,4 m²/l Trübe

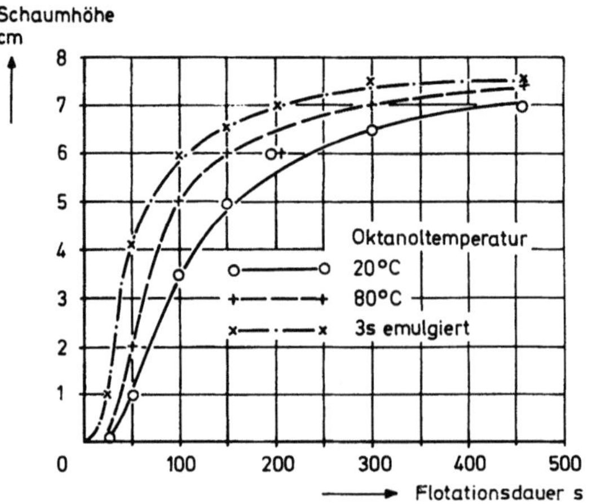


Abb. 33   Schaumhöhe in Abhängigkeit von der Flotationszeit und der Oktanoltemperatur
Oktanol, 120 g/t, wurde zu Beginn des Versuches zugegeben

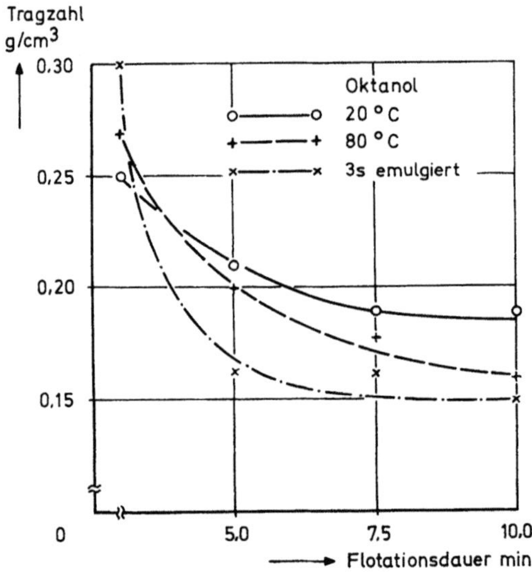


Abb. 34   Tragzahl in Abhängigkeit von der Flotationsdauer bei verschiedenen Reagenztemperaturen
Flotationsdauer je Konzentrat 2,5 min

# Anlagen

Anlage 1   Zähigkeit und Oberflächenspannung von Oktanol, Butanol und Äthanol in Abhängigkeit von der Temperatur nach D'Ans–Lax [7]

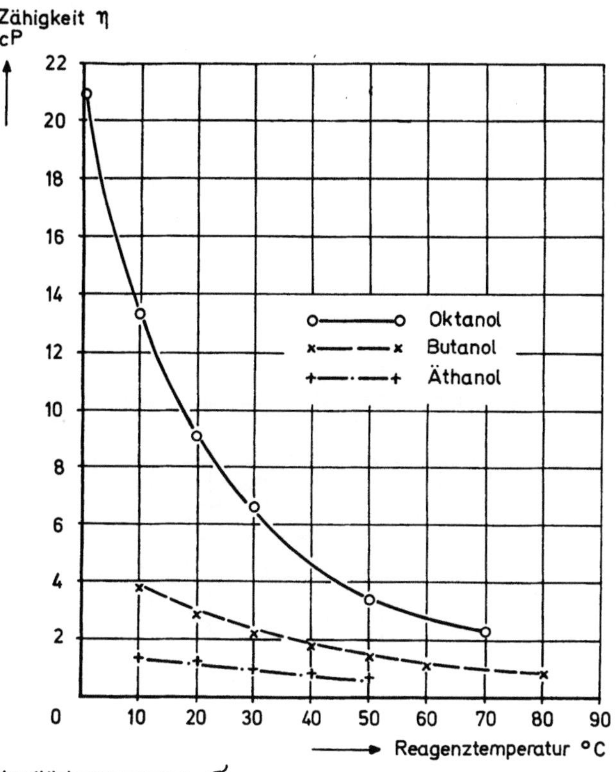


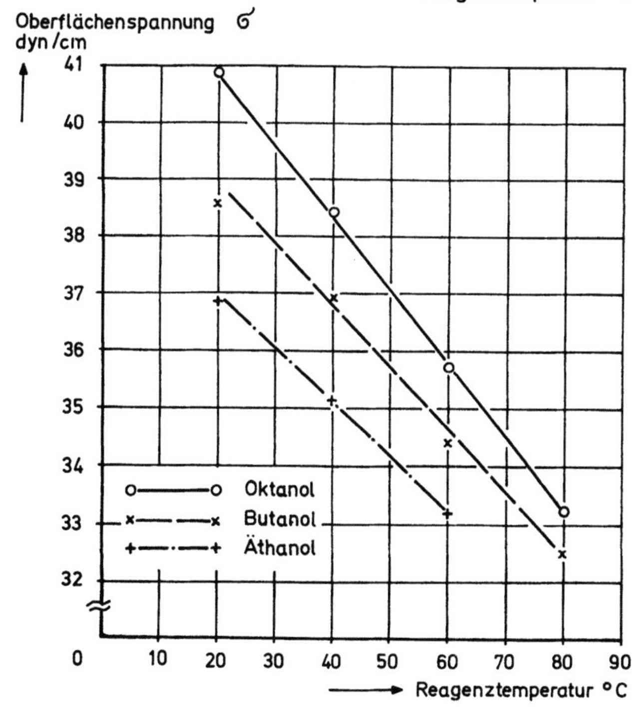

Anlage 2  Verwachsungskurven der Flotationsaufgaben der Zeche Adolf, obere Hälfte, und
der Zeche Emil Mayrisch, untere Hälfte
I Verwachsungskurve, II Schwimmgutkurve, III Sinkgutkurve, w Wichtekurve

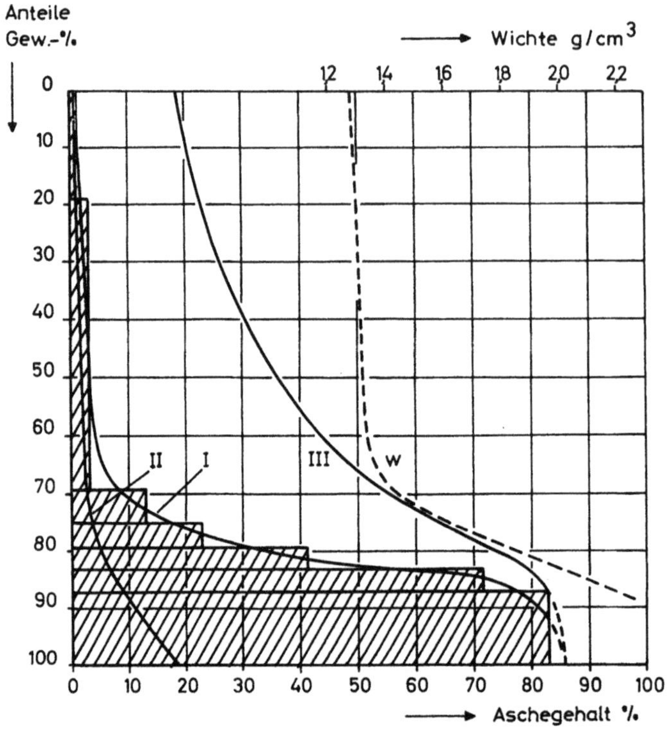


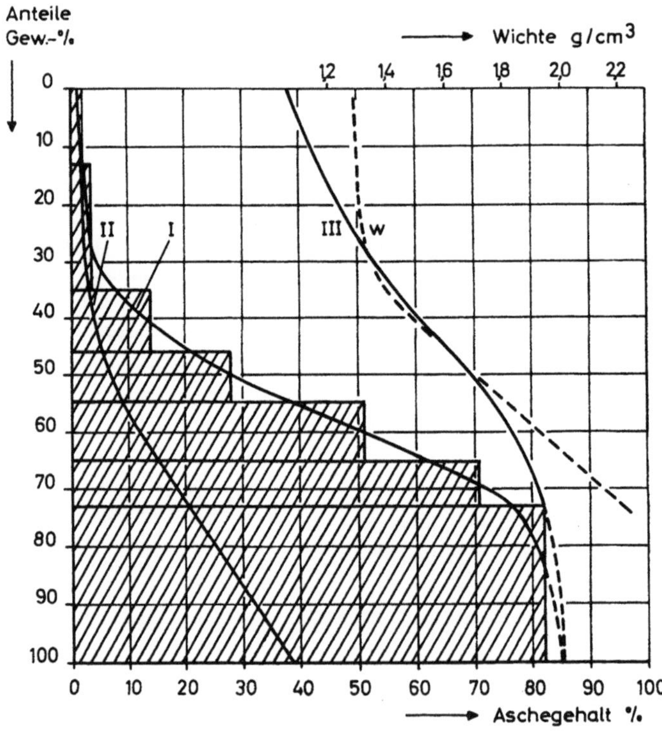

Anlage 3    Sieb-Asche-Analyse der bei den Untersuchungen verwendeten Flotationsaufgaben der Zechen Emil Mayrisch und Adolf des EBV

| Kornklasse | Gewichtsanteile | | | Asche | Mittlerer |
| | | einzeln | addiert | | Aschegehalt |
| mm | g | Gew.-% | Gew.-% | % | % |
| --- | --- | --- | --- | --- | --- |
| Flotationsaufgabe der Zeche Emil Mayrisch | | | | | |
| <0,75 | – | – | – | – | – |
| 0,75–0,5 | 28 | 9,0 | 9,0 | 15,7 | 15,7 |
| 0,5 –0,4 | 22 | 7,1 | 16,1 | 16,9 | 16,2 |
| 0,4 –0,3 | 31 | 9,8 | 25,9 | 19,8 | 17,5 |
| 0,3 –0,2 | 34 | 10,8 | 36,7 | 32,3 | 21,9 |
| 0,2 –0,1 | 57 | 18,1 | 54,8 | 39,5 | 27,7 |
| 0,1 –0,06 | 38 | 12,1 | 66,9 | 40,4 | 31,7 |
| <0,06 | 98 | 33,1 | 100,0 | 52,6 | 37,5 |
| Flotationsaufgabe der Zeche Adolf | | | | | |
| <0,75 | 3 | 0,9 | 0,9 | 11,3 | 11,3 |
| 0,75–0,5 | 50 | 13,9 | 14,8 | 8,1 | 8,3 |
| 0,5 –0,4 | 41 | 11,4 | 26,4 | 11,7 | 9,8 |
| 0,4 –0,3 | 46 | 12,7 | 38,9 | 14,1 | 11,2 |
| 0,3 –0,2 | 63 | 17,5 | 56,4 | 17,6 | 13,2 |
| 0,2 –0,1 | 72 | 20,0 | 76,4 | 21,1 | 15,3 |
| 0,1 –0,06 | 43 | 11,9 | 88,3 | 26,4 | 16,7 |
| <0,06 | 42 | 11,7 | 100,0 | 31,9 | 18,5 |

Anlage 4    Wasserlöslichkeit der für die Untersuchungen verwendeten Alkohole bei 20°C und 760 mm Hg

| Reagenz | Summenformel | Löslichkeit g/l |
| --- | --- | --- |
| Methanol | $CH_4O$ | ∞ |
| Äthanol | $C_2H_6O$ | ∞ |
| Butanol | $C_4H_{10}O$ | 195,0 |
| Pentanol | $C_5H_{12}O$ | 22,1 |
| Hexanol | $C_6H_{14}O$ | 7,1 |
| Oktanol | $C_8H_{18}O$ | 0,42 |
| Decanol | $C_{10}H_{22}O$ | 0,036 |

Anlage 5   Versuchsbedingungen und Reagenzzugabe
Von diesen Werten wurde nur bei besonders gekennzeichneten Versuchen abgewichen

| Reagenz | Tropfen-gewicht | Reagenzzugabe Konzentrat Nr. | | | | Gesamt | |
| | | I | II | III | IV | | |
| | mg | g/t | g/t | g/t | g/t | mg/l | g/t |
| --- | --- | --- | --- | --- | --- | --- | --- |
| Decanol | 12,1 | 53,8 | 40,3 | 40,3 | 53,8 | 28,2 | 188,2 |
| Oktanol | 10,8 | 36,0 | 24,0 | 24,0 | 36,0 | 18,0 | 120,0 |
| Hexanol | 10,7 | 35,7 | 23,8 | 11,9 | 11,9 | 12,5 | 83,3 |
| Pentanol | 13,5 | 60,0 | 45,0 | 30,0 | 45,0 | 27,0 | 180,0 |
| Butanol | 14,2 | 63,2 | 47,3 | 47,3 | 47,3 | 30,8 | 205,1 |
| Äthanol | 10,2 | 6 140 | 2 630 | 2 630 | 3 510 | 2 240 | 14 900 |
| Methanol | 9,7 | 26 000 | 17 300 | 17 300 | 26 000 | 13 000 | 86 600 |
| Paraxylenol | 12,9 | 57,4 | 43,0 | 28,7 | 43,0 | 25,8 | 172,1 |
| Orthoxylenol | 12,7 | 56,5 | 42,4 | 28,0 | 42,4 | 25,4 | 169,3 |
| Metaxylenol | 13,2 | 58,7 | 44,0 | 29,4 | 44,0 | 26,4 | 176,1 |
| Teeröl | 12,8 | 121,3 | 60,6 | 40,4 | 60,6 | 42,4 | 282,9 |
| Flotol | 16,8 | 74,7 | 37,3 | 37,3 | 56,0 | 30,8 | 205,3 |

Zeitlicher Ablauf eines Flotationsversuches:

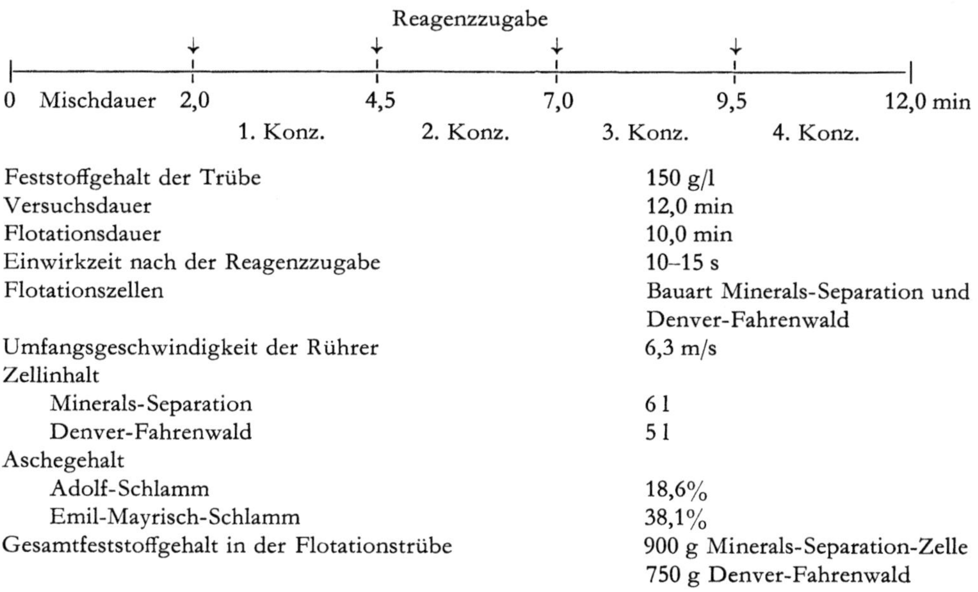


| | |
| --- | --- |
| Feststoffgehalt der Trübe | 150 g/l |
| Versuchsdauer | 12,0 min |
| Flotationsdauer | 10,0 min |
| Einwirkzeit nach der Reagenzzugabe | 10–15 s |
| Flotationszellen | Bauart Minerals-Separation und Denver-Fahrenwald |
| Umfangsgeschwindigkeit der Rührer | 6,3 m/s |
| Zellinhalt | |
|     Minerals-Separation | 6 l |
|     Denver-Fahrenwald | 5 l |
| Aschegehalt | |
|     Adolf-Schlamm | 18,6% |
|     Emil-Mayrisch-Schlamm | 38,1% |
| Gesamtfeststoffgehalt in der Flotationstrübe | 900 g Minerals-Separation-Zelle 750 g Denver-Fahrenwald |

Anlage 6    Ergebnisse der Flotationsversuche mit Methanol, Äthanol, Butanol, Pentanol und Hexanol
Versuchsgut: Flotationsaufgabe der Zeche Adolf unter 0,75 mm
Versuchsdurchführung siehe Anlage 5

| Reagenz-temperatur | Erzeugnis | Methanol Mengen-ausbringen | Asche-gehalt | Äthanol Mengen-ausbringen | Asche-gehalt | Butanol Mengen-ausbringen | Asche-gehalt | Pentanol Mengen-ausbringen | Asche-gehalt | Hexanol Mengen-ausbringen | Asche-gehalt |
|---|---|---|---|---|---|---|---|---|---|---|---|
| °C | | Gew.-% | % | Gew.-% | % | Gew.-% | % | Gew.-% | % | Gew.-% | % |
| 20 | Konzentrat 1 |  |  | 17,1 | 1,3 | 23,8 | 1,4 | 19,7 | 1,3 | 23,8 | 1,7 |
|  | Konzentrat 2 |  |  | 22,4 | 2,4 | 18,1 | 2,3 | 25,0 | 2,0 | 24,6 | 3,2 |
|  | Konzentrat 3 | 14,1 | 0,8 | 14,7 | 3,4 | 16,4 | 5,0 | 16,7 | 5,0 | 16,4 | 9,6 |
|  | Konzentrat 4 |  |  | 8,1 | 5,4 | 10,1 | 9,5 | 12,8 | 15,4 | 9,7 | 24,5 |
|  | Berge | 85,9 | 21,4 | 37,7 | 44,6 | 31,6 | 50,0 | 25,8 | 57,5 | 21,0 | 64,4 |
| 40 | Konzentrat 1 |  |  | 16,9 | 1,2 | 25,7 | 1,4 | 22,4 | 1,6 | 30,4 | 2,1 |
|  | Konzentrat 2 |  |  | 23,1 | 2,6 | 17,3 | 2,9 | 22,8 | 2,4 | 25,3 | 3,2 |
|  | Konzentrat 3 | 14,8 | 0,8 | 13,8 | 3,2 | 16,7 | 5,9 | 17,4 | 4,5 | 15,8 | 10,3 |
|  | Konzentrat 4 |  |  | 10,9 | 4,7 | 9,9 | 11,5 | 12,9 | 15,6 | 9,7 | 25,2 |
|  | Berge | 85,2 | 21,3 | 35,3 | 47,3 | 30,4 | 50,9 | 24,5 | 60,6 | 18,8 | 69,2 |
| 60* | Konzentrat 1 |  |  | 19,0 | 1,3 | 26,0 | 1,6 | 24,1 | 2,1 | 37,9 | 2,6 |
|  | Konzentrat 2 |  |  | 21,7 | 2,6 | 17,2 | 2,6 | 24,2 | 2,9 | 21,3 | 4,5 |
|  | Konzentrat 3 | 14,6 | 0,8 | 13,2 | 3,6 | 16,3 | 5,7 | 15,8 | 5,3 | 14,8 | 12,4 |
|  | Konzentrat 4 |  |  | 9,1 | 5,1 | 10,4 | 11,1 | 12,9 | 15,1 | 10,7 | 32,3 |
|  | Berge | 85,4 | 21,8 | 37,0 | 45,6 | 30,1 | 50,5 | 23,0 | 62,4 | 15,3 | 73,1 |
| 80 | Konzentrat 1 |  |  |  |  | 27,0 | 1,8 | 25,9 | 2,6 | 39,4 | 2,9 |
|  | Konzentrat 2 |  |  |  |  | 16,0 | 2,9 | 24,3 | 3,4 | 19,8 | 4,9 |
|  | Konzentrat 3 |  |  |  |  | 17,8 | 6,4 | 15,7 | 5,1 | 15,8 | 12,2 |
|  | Konzentrat 4 |  |  |  |  | 10,2 | 13,3 | 13,2 | 16,1 | 10,2 | 33,2 |
|  | Berge |  |  |  |  | 28,1 | 53,7 | 20,9 | 67,5 | 14,8 | 76,3 |

* Methanoltemperatur 50°C

Anlage 7   Ergebnisse der Flotationsversuche mit Oktanol, Decanol, Teeröl und Flotol
Versuchsgut: Flotationsaufgabe der Zeche Adolf unter 0,75 mm
Versuchsdurchführung siehe Anlage 5

| Reagenz-temperatur °C | Erzeugnis | Oktanol Mengen-ausbringen Gew.-% | Asche-gehalt % | Decanol Mengen-ausbringen Gew.-% | Asche-gehalt % | Teeröl Mengen-ausbringen Gew.-% | Asche-gehalt % | Flotol Mengen-ausbringen Gew.-% | Asche-gehalt % |
|---|---|---|---|---|---|---|---|---|---|
| 20 | Konzentrat 1 | 24,9 | 1,5 | 27,0 | 1,4 | 16,7 | 1,3 | 33,3 | 1,6 |
|  | Konzentrat 2 | 24,0 | 2,7 | 28,5 | 3,5 | 29,1 | 3,0 | 27,7 | 4,0 |
|  | Konzentrat 3 | 14,0 | 6,6 | 13,4 | 9,7 | 23,9 | 7,1 | 11,6 | 13,3 |
|  | Konzentrat 4 | 15,7 | 19,2 | 9,1 | 21,0 | 9,3 | 26,9 | 8,1 | 27,3 |
|  | Berge | 21,4 | 62,7 | 22,0 | 63,3 | 21,0 | 62,2 | 19,3 | 69,0 |
| 40 | Konzentrat 1 | 28,8 | 1,7 | 31,7 | 1,7 | 18,0 | 1,8 | 35,6 | 2,2 |
|  | Konzentrat 2 | 24,3 | 3,5 | 27,5 | 4,7 | 29,8 | 3,1 | 27,7 | 5,2 |
|  | Konzentrat 3 | 13,9 | 9,1 | 13,7 | 11,6 | 24,8 | 8,2 | 9,9 | 13,0 |
|  | Konzentrat 4 | 13,5 | 21,2 | 7,8 | 26,4 | 7,3 | 26,4 | 8,0 | 20,9 |
|  | Berge | 19,5 | 65,7 | 19,3 | 67,6 | 20,1 | 65,9 | 18,8 | 70,4 |
| 60 | Konzentrat 1 | 32,6 | 2,2 | 37,8 | 2,3 | 19,0 | 2,2 | 40,2 | 2,5 |
|  | Konzentrat 2 | 24,4 | 3,8 | 27,4 | 5,6 | 33,2 | 3,8 | 26,1 | 5,5 |
|  | Konzentrat 3 | 12,5 | 10,1 | 11,5 | 17,2 | 21,8 | 9,3 | 8,8 | 16,5 |
|  | Konzentrat 4 | 13,4 | 24,0 | 9,3 | 35,3 | 6,3 | 25,4 | 7,3 | 31,2 |
|  | Berge | 17,1 | 72,6 | 14,0 | 78,0 | 19,7 | 64,1 | 17,6 | 72,1 |
| 80 | Konzentrat 1 | 35,7 | 2,7 | 38,6 | 2,4 | 24,5 | 2,7 | 42,7 | 3,1 |
|  | Konzentrat 2 | 24,7 | 4,7 | 26,6 | 5,8 | 30,2 | 4,1 | 25,9 | 5,5 |
|  | Konzentrat 3 | 11,8 | 9,6 | 13,1 | 18,1 | 21,1 | 8,9 | 9,5 | 14,7 |
|  | Konzentrat 4 | 11,5 | 30,5 | 8,1 | 37,0 | 6,7 | 28,4 | 7,5 | 39,5 |
|  | Berge | 14,3 | 79,0 | 13,3 | 78,9 | 17,5 | 71,5 | 14,4 | 78,4 |

Anlage 8    Ergebnisse der Flotationsversuche mit Äthanol, Butanol, Oktanol und Steinkohleteeröl
Feststoffgehalt der Trübe: 150 g/l
Aschegehalt des Feststoffs: 37,5%
Versuchsgut: Flotationsaufgabe der Zeche Emil Mayrisch
Versuchsdurchführung siehe Anlage 5

| Reagenz-temperatur °C | Erzeugnis | Äthanol Mengen-ausbringen Gew.-% | Asche-gehalt % | Butanol Mengen-ausbringen Gew.-% | Asche-gehalt % | Oktanol Mengen-ausbringen Gew.-% | Asche-gehalt % | Teeröl Mengen-ausbringen Gew.-% | Asche-gehalt % |
|---|---|---|---|---|---|---|---|---|---|
| 20 | Konzentrat 1 | 20,9 | 3,3 | 17,0 | 3,3 | 16,4 | 3,0 | 22,6 | 4,4 |
| | Konzentrat 2 | 12,9 | 7,0 | 13,5 | 7,5 | 24,8 | 11,1 | 15,8 | 8,8 |
| | Konzentrat 3 | 7,5 | 11,4 | 16,4 | 16,6 | 15,8 | 32,3 | 18,5 | 27,2 |
| | Konzentrat 4 | 10,2 | 24,3 | 11,4 | 42,0 | 13,6 | 58,8 | 10,3 | 56,3 |
| | Berge | 48,5 | 68,7 | 41,7 | 71,5 | 29,4 | 72,5 | 32,8 | 74,4 |
| 40 | Konzentrat 1 | 21,3 | 3,3 | 17,7 | 3,8 | 23,8 | 4,6 | 25,9 | 5,4 |
| | Konzentrat 2 | 12,4 | 7,2 | 16,2 | 8,6 | 22,8 | 10,5 | 17,4 | 11,4 |
| | Konzentrat 3 | 6,9 | 11,4 | 14,8 | 19,6 | 14,0 | 35,3 | 16,5 | 35,5 |
| | Konzentrat 4 | 10,3 | 27,3 | 13,6 | 49,1 | 13,0 | 64,9 | 9,6 | 58,4 |
| | Berge | 48,2 | 67,2 | 37,7 | 71,8 | 26,4 | 74,8 | 30,6 | 77,8 |
| 60 | Konzentrat 1 | 21,3 | 3,3 | 22,5 | 4,5 | 25,2 | 5,6 | 30,1 | 6,2 |
| | Konzentrat 2 | 13,3 | 6,4 | 15,5 | 12,0 | 22,6 | 17,7 | 17,0 | 47,1 |
| | Konzentrat 3 | 7,1 | 13,2 | 13,5 | 25,7 | 15,1 | 37,7 | 13,3 | 37,4 |
| | Konzentrat 4 | 9,6 | 26,2 | 13,0 | 49,0 | 11,8 | 70,9 | 10,6 | 59,1 |
| | Berge | 48,7 | 67,6 | 35,5 | 71,8 | 25,3 | 72,1 | 29,0 | 77,5 |
| 80 | Konzentrat 1 | | | 25,2 | 5,4 | 29,9 | 7,2 | 31,6 | 7,1 |
| | Konzentrat 2 | | | 13,1 | 11,7 | 21,4 | 21,0 | 17,2 | 15,8 |
| | Konzentrat 3 | | | 13,6 | 27,2 | 13,4 | 37,0 | 13,6 | 40,2 |
| | Konzentrat 4 | | | 13,3 | 50,2 | 13,5 | 68,3 | 10,0 | 55,4 |
| | Berge | | | 34,8 | 73,4 | 21,8 | 78,1 | 27,6 | 79,0 |

Anlage 9    Vergleich des theoretisch höchsten Mengenausbringens mit dem tatsächlich erreichten in Abhängigkeit vom Aschegehalt
Steinkohlenschlamm der Zeche Adolf
Die Abgrenzung der einzelnen Konzentrate bei 20 und 80°C erfolgt durch die
waagerechten Linien

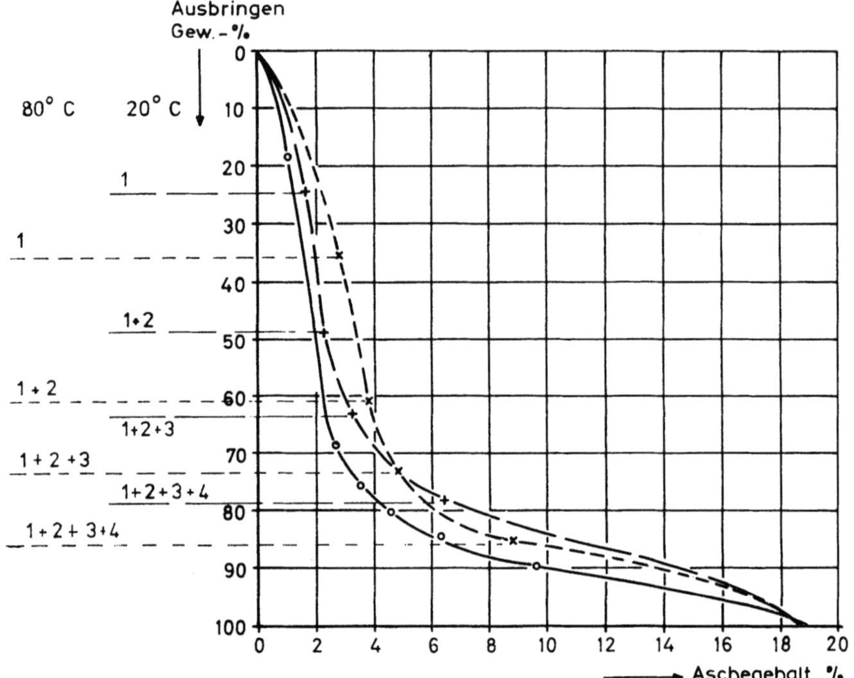

Anlage 10  Flotationsversuche mit Oktanol und Steinkohlenteeröl
Sieb-Asche-Analyse des ersten Konzentrats
Feststoffgehalt der Trübe: 150 g/l
Versuchsgut: Flotationsaufgabe der Zeche Adolf unter 0,75 mm
Versuchsdurchführung siehe Anlage 5

| Kornklasse | Oktanol | | | Teeröl | | |
| | Mengenausbringen | | Aschegehalt | Mengenausbringen | | Aschegehalt |
| mm | g | Gew.-% | % | g | Gew.-% | % |
|---|---|---|---|---|---|---|
| **Reagenztemperatur 20°C** | | | | | | |
| <0,75 | 2 | 0,8 | 2,3 | – | – | – |
| 0,75–0,5 | 19 | 8,0 | 1,0 | 10 | 6,9 | 0,7 |
| 0,5 –0,4 | 16 | 6,7 | 0,9 | 6 | 4,1 | 1,0 |
| 0,4 –0,3 | 27 | 11,4 | 0,9 | 17 | 11,0 | 1,0 |
| 0,3 –0,2 | 49 | 20,6 | 1,0 | 28 | 18,6 | 1,1 |
| 0,2 –0,1 | 59 | 24,9 | 1,2 | 45 | 29,7 | 1,3 |
| 0,1 –0,06 | 37 | 13,7 | 2,5 | 22 | 14,5 | 2,3 |
| <0,06 | 28 | 11,9 | 3,9 | 23 | 15,2 | 2,7 |
| **Reagenztemperatur 40°C** | | | | | | |
| <0,75 | 1 | 0,4 | 2,3 | – | – | – |
| 0,75–0,5 | 6 | 2,4 | 0,5 | 6 | 3,7 | 1,0 |
| 0,5 –0,4 | 21 | 7,8 | 0,7 | 10 | 6,2 | 0,9 |
| 0,4 –0,3 | 26 | 10,1 | 1,0 | 13 | 8,0 | 0,9 |
| 0,3 –0,2 | 39 | 15,2 | 0,8 | 30 | 18,5 | 1,0 |
| 0,2 –0,1 | 82 | 31,2 | 1,2 | 47 | 29,0 | 1,4 |
| 0,1 –0,06 | 38 | 14,9 | 2,8 | 25 | 15,5 | 2,5 |
| <0,06 | 47 | 18,0 | 4,1 | 31 | 19,1 | 3,6 |
| **Reagenztemperatur 60°C** | | | | | | |
| <0,75 | 2 | 0,7 | 2,0 | – | – | – |
| 0,75–0,5 | 4 | 2,8 | 0,7 | 5 | 2,8 | 0,9 |
| 0,5 –0,4 | 20 | 6,5 | 0,8 | 10 | 6,1 | 1,0 |
| 0,4 –0,3 | 29 | 9,6 | 0,9 | 12 | 7,2 | 1,0 |
| 0,3 –0,2 | 47 | 15,5 | 1,0 | 35 | 20,6 | 1,1 |
| 0,2 –0,1 | 91 | 29,9 | 1,2 | 50 | 29,4 | 1,8 |
| 0,1 –0,06 | 57 | 18,5 | 3,2 | 22 | 13,3 | 3,0 |
| <0,06 | 50 | 16,5 | 5,1 | 35 | 20,6 | 4,1 |
| **Reagenztemperatur 80°C** | | | | | | |
| <0,75 | 2 | 0,7 | 1,2 | – | – | – |
| 0,75–0,5 | 7 | 2,3 | 0,9 | 4 | 1,8 | 1,0 |
| 0,5 –0,4 | 11 | 3,7 | 0,8 | 12 | 5,3 | 1,0 |
| 0,4 –0,3 | 28 | 9,3 | 1,0 | 6 | 2,6 | 1,0 |
| 0,3 –0,2 | 56 | 18,7 | 1,3 | 34 | 15,3 | 1,1 |
| 0,2 –0,1 | 98 | 32,6 | 1,6 | 68 | 31,4 | 1,9 |
| 0,1 –0,06 | 43 | 14,3 | 1,6 | 41 | 18,4 | 3,4 |
| <0,06 | 55 | 18,4 | 7,4 | 57 | 25,5 | 4,5 |

Anlage 11    Flotationsversuche mit Äthanol und Butanol
Sieb-Asche-Analyse des ersten Konzentrats
Versuchsgut: Flotationsaufgabe der Zeche Adolf
Versuchsdurchführung siehe Anlage 5

| Kornklasse | Äthanol | | | Butanol | | |
| | Mengenausbringen | | Aschegehalt | Mengenausbringen | | Aschegehalt |
| mm | g | Gew.-% | % | g | Gew.-% | % |
|---|---|---|---|---|---|---|
| **Reagenztemperatur 20°C** | | | | | | |
| <0,75 | 5 | 3,2 | 0,7 | 2 | 1,0 | 1,0 |
| 0,75–0,5 | 19 | 12,1 | 0,8 | 10 | 4,7 | 0,7 |
| 0,5 –0,4 | 15 | 9,6 | 0,8 | 18 | 8,5 | 1,0 |
| 0,4 –0,3 | 14 | 8,9 | 1,0 | 25 | 11,7 | 0,9 |
| 0,3 –0,2 | 27 | 17,8 | 1,1 | 48 | 22,5 | 1,0 |
| 0,2 –0,1 | 36 | 23,6 | 1,2 | 62 | 29,1 | 1,1 |
| 0,1 –0,06 | 14 | 8,9 | 1,8 | 23 | 10,8 | 2,2 |
| <0,06 | 25 | 15,9 | 2,5 | 25 | 11,7 | 3,5 |
| **Reagenztemperatur 40°C** | | | | | | |
| <0,75 | 6 | 3,7 | 0,8 | – | – | – |
| 0,75–0,5 | 15 | 9,9 | 0,8 | 10 | 4,3 | 0,7 |
| 0,5 –0,4 | 19 | 12,4 | 1,0 | 14 | 6,1 | 0,9 |
| 0,4 –0,3 | 12 | 8,1 | 1,0 | 25 | 10,5 | 1,0 |
| 0,3 –0,2 | 26 | 16,8 | 1,2 | 45 | 19,2 | 1,0 |
| 0,2 –0,1 | 37 | 24,2 | 1,2 | 76 | 32,6 | 1,1 |
| 0,1 –0,06 | 16 | 10,6 | 1.7 | 30 | 12,6 | 1,8 |
| <0,06 | 22 | 14,3 | 2,4 | 34 | 14,7 | 3,5 |
| **Reagenztemperatur 60°C** | | | | | | |
| <0,75 | 6 | 3,3 | 0,9 | 4 | 1,7 | 0,5 |
| 0,75–0,5 | 17 | 9,9 | 0,8 | 5 | 2,1 | 0,8 |
| 0,5 –0,4 | 18 | 10,5 | 0,9 | 10 | 4,2 | 0,9 |
| 0,4 –0,3 | 15 | 8,6 | 1,0 | 24 | 10,0 | 0,9 |
| 0,3 –0,2 | 31 | 18,4 | 1,0 | 43 | 18,3 | 1,0 |
| 0,2 –0,1 | 41 | 23,0 | 1,2 | 75 | 31,6 | 1,2 |
| 0,1 –0,06 | 22 | 12,5 | 1,8 | 35 | 14,6 | 2,3 |
| <0,06 | 24 | 13,8 | 2,6 | 42 | 17,5 | 4,0 |
| **Reagenztemperatur 80°C** | | | | | | |
| <0,75 | | | | – | – | – |
| 0,75–0,5 | | | | 5 | 2,0 | 1,0 |
| 0,5 –0,4 | | | | 6 | 2,3 | 0,9 |
| 0,4 –0,3 | | | | 19 | 7,8 | 0,9 |
| 0,3 –0,2 | | | | 41 | 16,4 | 1,0 |
| 0,2 –0,1 | | | | 78 | 31,7 | 1,3 |
| 0,1 –0,06 | | | | 43 | 17,2 | 2,2 |
| <0,06 | | | | 56 | 22,6 | 3,9 |

Anlage 12   Flotationsversuche mit Oktanol und Steinkohlenteeröl, 80°C
            Sieb-Asche-Analyse des zweiten, dritten und vierten Konzentrats und der Berge
            Erstes Konzentrat siehe Anlage 10
            Versuchsdurchführung siehe Anlage 5

| Kornklasse | Oktanol | | | Teeröl | | |
| | Mengenausbringen | | Aschegehalt | Mengenausbringen | | Aschegehalt |
| mm | g | Gew.-% | % | g | Gew.-% | % |
|---|---|---|---|---|---|---|
| **Zweites Konzentrat** | | | | | | |
| <0,75 | 1 | 0,5 | 2,0 | – | – | – |
| 0,75–0,5 | 20 | 9,3 | 1,3 | 20 | 9,6 | 1,6 |
| 0,5 –0,4 | 22 | 10,2 | 1,4 | 20 | 9,6 | 1,8 |
| 0,4 –0,3 | 33 | 15,3 | 1,6 | 40 | 19,3 | 2,1 |
| 0,3 –0,2 | 56 | 26,0 | 1,7 | 52 | 25,2 | 3,1 |
| 0,2 –0,1 | 42 | 19,5 | 3,2 | 44 | 21,4 | 3,5 |
| 0,1 –0,06 | 17 | 7,9 | 4,8 | 19 | 9,3 | 13,5 |
| <0,06 | 24 | 11,3 | 7,9 | 12 | 5,6 | 24,3 |
| **Drittes Konzentrat** | | | | | | |
| <0,75 | – | – | – | 1 | 0,9 | 2,9 |
| 0,75–0,5 | 18 | 14,4 | 1,5 | 20 | 17,7 | 2,6 |
| 0,5 –0,4 | 29 | 23,7 | 2,3 | 21 | 18,6 | 4,1 |
| 0,4 –0,3 | 18 | 14,4 | 2,8 | 16 | 14,2 | 6,7 |
| 0,3 –0,2 | 21 | 16,8 | 6,5 | 20 | 17,7 | 11,6 |
| 0,2 –0,1 | 18 | 14,4 | 11,8 | 16 | 14,2 | 15,0 |
| 0,1 –0,06 | 12 | 9,6 | 17,3 | 9 | 7,9 | 26,6 |
| <0,06 | 9 | 7,2 | 19,9 | 10 | 8,8 | 34,2 |
| **Viertes Konzentrat** | | | | | | |
| <0,75 | 1 | 0,7 | 2,8 | 1 | 0,8 | 9,3 |
| 0,75–0,5 | 54 | 37,4 | 7,1 | 34 | 27,9 | 12,0 |
| 0,5 –0,4 | 19 | 13,2 | 12,2 | 21 | 17,2 | 29,4 |
| 0,4 –0,3 | 16 | 11,1 | 16,2 | 18 | 14,7 | 37,1 |
| 0,3 –0,2 | 17 | 11,8 | 24,9 | 17 | 13,9 | 41,7 |
| 0,2 –0,1 | 15 | 10,4 | 35,2 | 6 | 4,9 | 52,1 |
| 0,1 –0,06 | 11 | 7,4 | 30,5 | 14 | 11,5 | 57,3 |
| <0,06 | 11 | 7,7 | 59,4 | 11 | 9,1 | 63,4 |
| **Berge** | | | | | | |
| <0,75 | 4 | 2,1 | 57,0 | 3 | 2,2 | 52,1 |
| 0,75–0,5 | 20 | 10,6 | 49,6 | 15 | 11,1 | 65,6 |
| 0,5 –0,4 | 17 | 8,9 | 64,5 | 17 | 12,6 | 74,3 |
| 0,4 –0,3 | 20 | 10,6 | 64,1 | 18 | 13,3 | 74,9 |
| 0,3 –0,2 | 24 | 12,8 | 60,7 | 22 | 16,3 | 78,5 |
| 0,2 –0,1 | 41 | 19,0 | 63,9 | 26 | 19,3 | 86,0 |
| 0,1 –0,06 | 36 | 19,3 | 57,3 | 17 | 12,6 | 76,7 |
| <0,06 | 26 | 13,8 | 78,4 | 17 | 12,6 | 89,8 |

Anlage 13   Feinkornanteil im Schwimmgut der Flotationsversuche mit Oktanol von 20 und
80°C


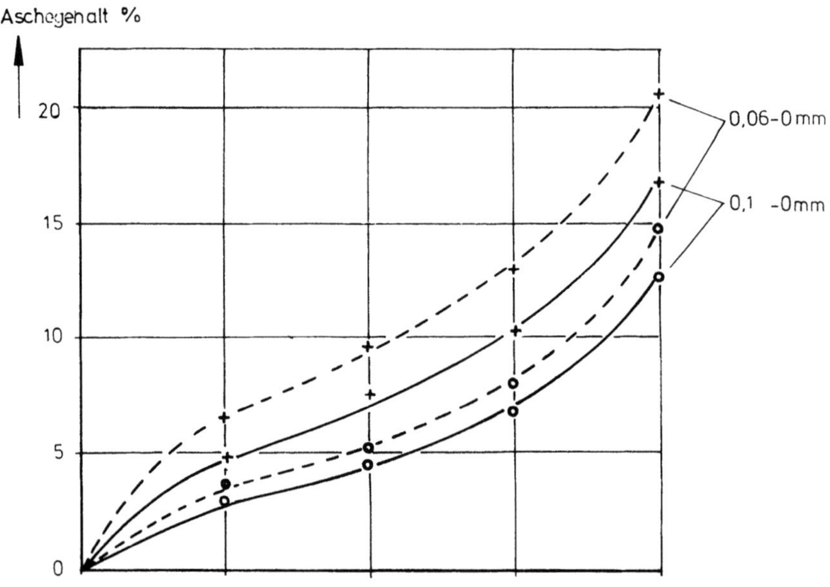

Aschegehalt %
20
15
10
5
0
0,06-0mm
0,1 -0mm


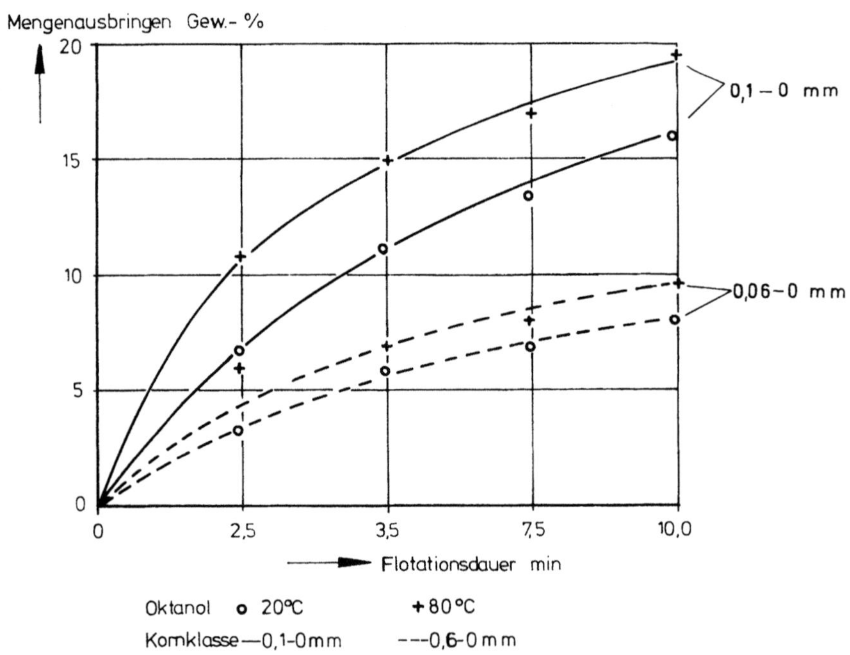

Mengenausbringen Gew.- %
20
15
10
5
0
0,1 – 0 mm
0,06-0 mm
0        2,5        3,5        7,5        10,0
Flotationsdauer  min
Oktanol   o  20°C          + 80°C
Kornklasse —0,1-0mm      ---0,6-0mm

Anlage 14   Mengenausbringen und Aschegehalt in Abhängigkeit von der Temperatur der
Reagenzien
Oktanol   wasserunlöslich
Butanol   teilweise wasserlöslich
Äthanol   vollkommen wasserlöslich

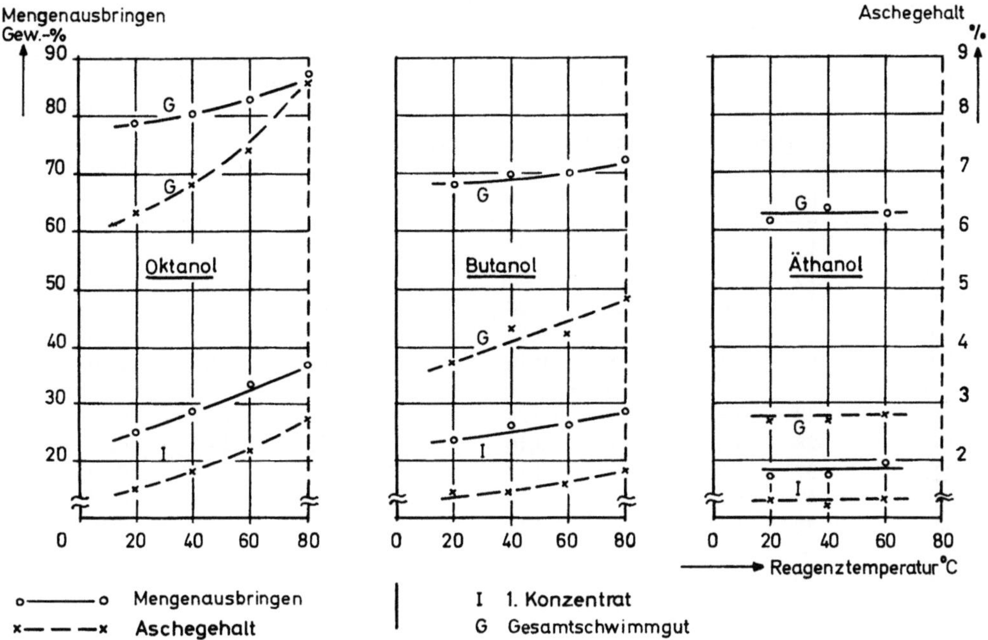



o———o   Mengenausbringen
x— — —x   Aschegehalt

I   1. Konzentrat
G   Gesamtschwimmgut

Anlage 15  Ermittlung der Flotationsgeschwindigkeit
           Flotationsmittel: *Äthanol*
           Äthanolzugabe nach 0, 150, 300 und 450 s
           Äthanolverbrauch: 14,9 kg/t
           Feststoffgehalt der Trübe: 150 g/l
           Versuchsgut: Flotationsaufgabe der Zeche Adolf unter 0,75 mm
           Versuchsdurchführung siehe Anlage 5

| Flotations-dauer | Reagenztemperatur 20°C | | | | Reagenztemperatur 60°C | | | |
| | Mengenausbringen | | Flotations-geschwindig-keit | | Mengenausbringen | | Flotations-geschwindig-keit |
| | einzeln | | addiert | | einzeln | | addiert | |
| s | g | Gew.-% | Gew.-% | Gew.-%/s | g | Gew.-% | Gew.-% | Gew.-%/s |
|---|---|---|---|---|---|---|---|---|
| 20 | 13 | 1,5 | 1,5 | 0,08 | 15 | 1,7 | 1,7 | 0,09 |
| 40 | 15 | 1,7 | 3,2 | 0,09 | 17 | 1,9 | 3,6 | 0,10 |
| 70 | 27 | 3,0 | 6,2 | 0,10 | 26 | 2,9 | 6,5 | 0,10 |
| 110 | 48 | 5,3 | 11,5 | 0,13 | 45 | 5,0 | 11,5 | 0,13 |
| 150 | 58 | 6,4 | 17,9 | 0,16 | 56 | 6,2 | 17,7 | 0,16 |
| 170 | 48 | 5,3 | 23,2 | 0,27 | 45 | 5,0 | 22,7 | 0,25 |
| 190 | 28 | 3,1 | 26,3 | 0,16 | 31 | 3,3 | 26,0 | 0,17 |
| 220 | 37 | 4,1 | 30,4 | 0,14 | 40 | 4,4 | 30,4 | 0,15 |
| 260 | 47 | 5,2 | 35,6 | 0,30 | 45 | 5,0 | 35,4 | 0,13 |
| 300 | 39 | 4,3 | 39,9 | 0,11 | 37 | 4,1 | 39,5 | 0,10 |
| 320 | 29 | 3,2 | 43,1 | 0,18 | 30 | 3,3 | 42,8 | 0,17 |
| 340 | 24 | 2,7 | 45,8 | 0,14 | 27 | 3,0 | 45,8 | 0,15 |
| 370 | 34 | 3,8 | 49,6 | 0,13 | 31 | 3,5 | 49,3 | 0,12 |
| 410 | 26 | 2,9 | 52,5 | 0,07 | 26 | 2,9 | 52,2 | 0,07 |
| 450 | 16 | 1,8 | 54,3 | 0,05 | 13 | 1,5 | 53,7 | 0,04 |
| 470 | 15 | 1,7 | 56,0 | 0,09 | 15 | 1,7 | 55,4 | 0,09 |
| 490 | 9 | 1,0 | 57,0 | 0,05 | 8 | 0,9 | 56,3 | 0,05 |
| 520 | 14 | 1,6 | 58,6 | 0,02 | 11 | 1,2 | 57,5 | 0,04 |
| 560 | | | | | | | | |
| 600 | 7 | 0,8 | 59,4 | 0,01 | 9 | 1,0 | 58,5 | 0,01 |

Anlage 16 Ermittlung der Flotationsgeschwindigkeit
Flotationsmittel: *Oktanol*
Oktanolzugabe nach 0, 150, 300 und 450 s
Oktanolverbrauch: 120,0 kg/t
Feststoffgehalt der Trübe: 150 g/l
Versuchsgut: Flotationsaufgabe der Zeche Adolf unter 0,75 mm
Versuchsdurchführung siehe Anlage 5

| Flotations-dauer | Reagenztemperatur 20°C | | | | Reagenztemperatur 80°C | | | |
| | Mengenausbringen | | Flotations-geschwindig-keit | | Mengenausbringen | | Flotations-geschwindig-keit | |
| | einzeln | addiert | | | einzeln | addiert | | |
| s | g | Gew.-% | Gew.-% | Gew.-%/s | g | Gew.-% | Gew.-% | Gew.-%/s |
|---|---|---|---|---|---|---|---|---|
| 20 | 46 | 5,1 | 5,1 | 0,26 | 57 | 6,3 | 6,3 | 0,32 |
| 40 | 68 | 7,5 | 12,6 | 0,36 | 125 | 13,9 | 20,2 | 0,70 |
| 70 | 62 | 6,9 | 19,6 | 0,23 | 77 | 8,5 | 28,7 | 0,23 |
| 110 | 64 | 6,0 | 25,5 | 0,15 | 49 | 5,5 | 34,2 | 0,14 |
| 150 | 24 | 2,7 | 28,2 | 0,07 | 35 | 3,9 | 38,1 | 0,10 |
| 170 | 50 | 5,5 | 33,7 | 0,29 | 59 | 6,5 | 44,6 | 0,33 |
| 190 | 41 | 4,6 | 38,3 | 0,23 | 23 | 2,6 | 48,2 | 0,18 |
| 220 | 38 | 4,2 | 42,5 | 0,14 | 35 | 3,9 | 52,1 | 0,13 |
| 260 | 35 | 3,9 | 46,4 | 0,10 | 38 | 4,2 | 56,3 | 0,11 |
| 300 | 22 | 2,4 | 48,8 | 0,06 | 12 | 1,4 | 57,7 | 0,04 |
| 320 | 38 | 4,2 | 53,0 | 0,21 | 44 | 4,9 | 62,6 | 0,25 |
| 340 | 24 | 2,7 | 55,7 | 0,14 | 22 | 2,4 | 65,0 | 0,12 |
| 370 | 39 | 4,2 | 59,9 | 0,11 | 25 | 2,8 | 67,8 | 0,09 |
| 410 | 21 | 2,3 | 62,2 | 0,12 | 15 | 1,7 | 69,5 | 0,04 |
| 450 | 13 | 1,5 | 63,7 | 0,04 | 11 | 1,2 | 70,7 | 0,03 |
| 470 | 27 | 3,0 | 66,7 | 0,15 | 32 | 3,6 | 74,3 | 0,18 |
| 490 | 14 | 1,5 | 68,2 | 0,08 | 19 | 2,1 | 76,4 | 0,11 |
| 520 | 17 | 1,9 | 30,1 | 0,06 | 13 | 1,5 | 77,9 | 0,05 |
| 560 | 13 | 1,4 | 72,5 | 0,04 | 7 | 0,8 | 78,7 | 0,02 |
| 600 | 12 | 1,3 | 73,8 | 0,03 | 5 | 0,6 | 79,3 | 0,02 |

Anlage 17    Flotationsgeschwindigkeit bei Versuchen mit Oktanol von 20 und 80°C

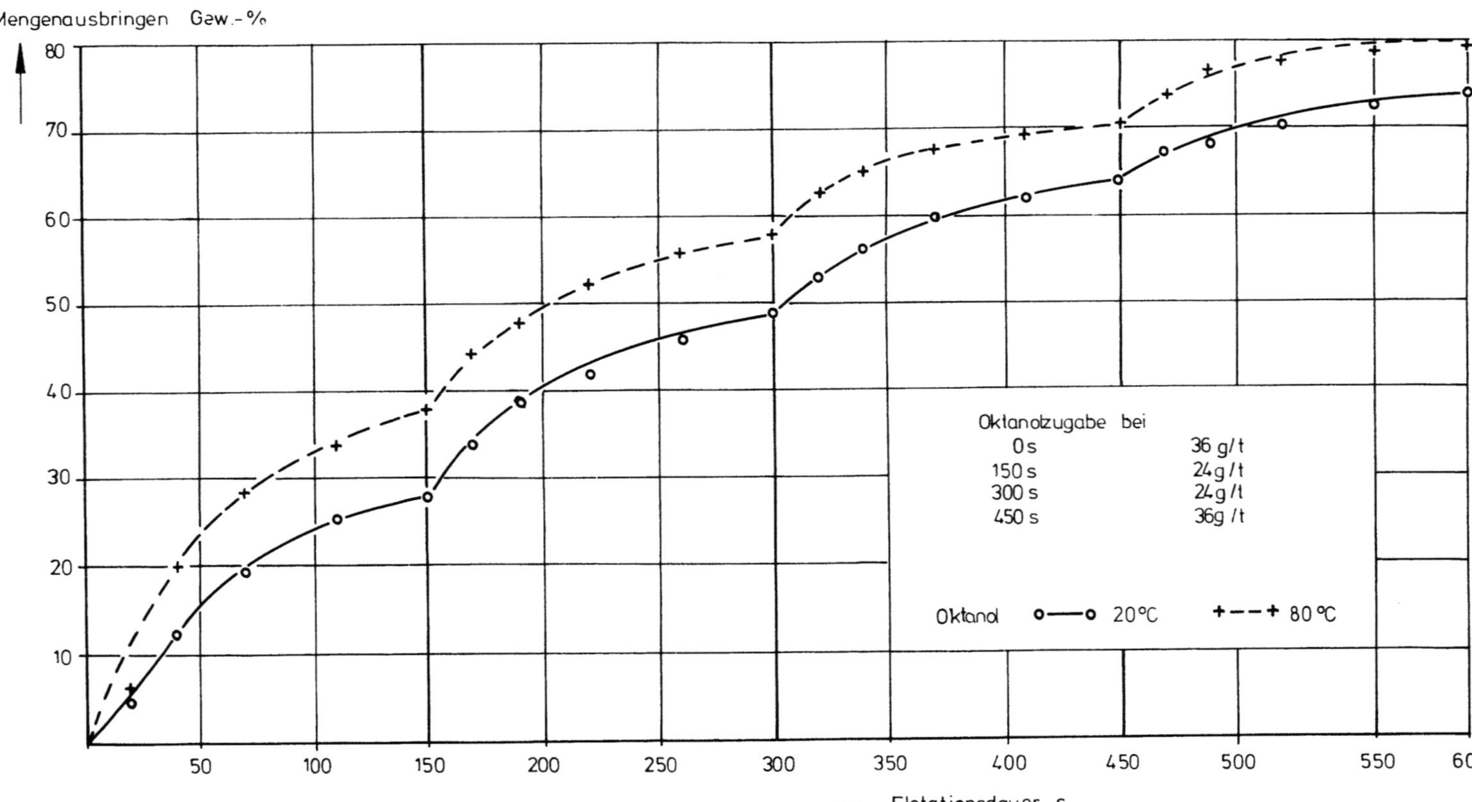

Anlage 18 Ermittlung der Flotationsgeschwindigkeit
Flotationsmittel: *Oktanol*
Einmalige Oktanolzugabe von 120,0 kg/t zu Beginn der Flotation
Feststoffgehalt der Trübe: 150 g/t
Versuchsgut: Flotationsaufgabe der Zeche Adolf unter 0,75 mm
Versuchsdurchführung siehe Anlage 5

| Flotations-dauer | Reagenztemperatur 20°C | | | | Reagenztemperatur 80°C | | | |
| | Mengenausbringen | | | Flotations-geschwindig-keit | Mengenausbringen | | | Flotations-geschwindig-keit |
| | einzeln | | addiert | | einzeln | | addiert | |
| s | g | Gew.-% | Gew.-% | Gew.-%/s | g | Gew.-% | Gew.-% | Gew.-%/s |
|---|---|---|---|---|---|---|---|---|
| 20 | 127 | 14,1 | 14,1 | 0,71 | 173 | 19,2 | 19,2 | 0,96 |
| 40 | 142 | 15,8 | 29,9 | 0,79 | 197 | 21,9 | 41,1 | 1,10 |
| 70 | 75 | 8,3 | 38,2 | 0,28 | 109 | 12,1 | 53,2 | 0,40 |
| 110 | 58 | 6,4 | 44,6 | 0,16 | 59 | 6,6 | 59,8 | 0,17 |
| 150 | 51 | 5,7 | 50,3 | 0,14 | 24 | 2,7 | 62,5 | 0,07 |
| 170 | 20 | 2,2 | 52,5 | 0,11 | 11 | 1,2 | 63,7 | 0,06 |
| 190 | 15 | 1,7 | 52,2 | 0,09 | | | | |
| 220 | 21 | 2,3 | 56,5 | 0,08 | 17 | 1,9 | 65,6 | 0,04 |
| 260 | 19 | 2,1 | 58,6 | 0,05 | | | | |
| 300 | 17 | 1,9 | 60,5 | 0,05 | 21 | 2,3 | 67,9 | 0,03 |
| 320 | 7 | 0,8 | 61,3 | 0,04 | | | | |
| 340 | 5 | 0,7 | 62,0 | 0,04 | | | | |
| 370 | 7 | 0,8 | 62,8 | 0,03 | | | | |
| 410 | | | | | | | | |
| 450 | 16 | 1,8 | 64,6 | 0,02 | 13 | 1,5 | 69,4 | 0,01 |
| 470 | | | | | | | | |
| 490 | | | | | | | | |
| 520 | | | | | | | | |
| 560 | | | | | | | | |
| 600 | 11 | 1,2 | 64,8 | 0,01 | 6 | 0,7 | 70,1 | 0,07 |

Anlage 19 Kornaufbau und Aschegehalt der bei den Flockungsversuchen verwendeten
Schlämme

| Kornklasse | Flotationsaufgabe der Zeche | | | | | | Emil Mayrisch | |
| | Adolf | | | | | | | |
| | 0,75–0 | | 0,3–0 | | 0,1–0 | | 0,75–0 | |
| | Anteil | Asche | Anteil | Asche | Anteil | Asche | Anteil | Asche |
| mm | Gew.-% | % | Gew.-% | % | Gew.-% | % | Gew.-% | % |
|---|---|---|---|---|---|---|---|---|
| 0,75–0,3 | 38,9 | 11,2 | – | – | – | – | 25,9 | 17,5 |
| 0,3 –0,1 | 37,5 | 19,5 | 61,3 | 19,5 | – | – | 28,9 | 36,8 |
| 0,1 –0 | 23,6 | 29,1 | 38,7 | 29,1 | 100,0 | 29,1 | 45,2 | 49,5 |
| Summe | 100,0 | 18,5 | 100,0 | 23,2 | 100,0 | 29,1 | 100,0 | 37,5 |

Anlage 20  Absetzgeschwindigkeit des Feststoffs in einer Flotationstrübe ohne Reagenzien
und mit Reagenzien von 20 und 80°C
Steinkohlenteerölzugabe: 42 mg/l
Feststoffgehalt der Trübe: 150 g/l
Flotationsaufgabe der Zeche Adolf

| Zeit | Ohne Reagenz | Reagenztemperatur 20°C | 80°C |
|---|---|---|---|
| min | Absetzgeschwindigkeit cm/h | cm/h | cm/h |
| **Kornklasse: 0,75–0 mm** | | | |
| 2,5 | 41,0 | 52,7 | 68,7 |
| 5 | 43,2 | 52,8 | 67,0 |
| 10 | 31,8 | 40,2 | 53,4 |
| 20 | 25,8 | 30,0 | 36,9 |
| 30 | 21,2 | 25,0 | 28,8 |
| 40 | 18,0 | 21,8 | 24,5 |
| 50 | 16,8 | 19,5 | 20,0 |
| 60 | 15,3 | 17,7 | 18,8 |
| 100 | 11,5 | 12,6 | 13,3 |
| 120 | 10,5 | 11,4 | 12,2 |
| **Kornklasse: 0,3–0 mm** | | | |
| 2,5 | 22,3 | 29,5 | 38,4 |
| 5 | 21,6 | 28,7 | 36,0 |
| 10 | 19,4 | 24,0 | 34,2 |
| 20 | 16,2 | 21,6 | 27,6 |
| 30 | 14,2 | 19,2 | 25,2 |
| 40 | 13,1 | 18,2 | 22,9 |
| 50 | 11,0 | 15,5 | 20,1 |
| 60 | 10,0 | 15,0 | 18,5 |
| 100 | 8,5 | 12,1 | 13,8 |
| 120 | 7,7 | 10,7 | 11,9 |
| **Kornklasse: 0,1–0 mm** | | | |
| 2,5 | 12,0 | 19,0 | 26,4 |
| 5 | 12,0 | 18,0 | 25,2 |
| 10 | 11,4 | 15,0 | 24,0 |
| 20 | 10,5 | 13,8 | 21,0 |
| 30 | 8,0 | 13,2 | 19,8 |
| 40 | 8,0 | 12,6 | 18,2 |
| 50 | 7,8 | 10,8 | 16,2 |
| 60 | 7,8 | 10,3 | 14,6 |
| 80 | 6,0 | 8,6 | 12,9 |
| 100 | 5,9 | 8,1 | 11,3 |
| 120 | 5,6 | 7,8 | 10,1 |

Anlage 21  Absetzgeschwindigkeit des Feststoffs in einer Flotationstrübe ohne Reagenzien und mit Reagenzien von 20 und 80°C
Oktanolzugabe: 180 mg/l
Feststoffgehalt der Trübe: 150 g/l
Flotationsaufgabe der Zeche Adolf

| Zeit | Ohne Reagenz | Reagenztemperatur | |
| | | 20°C | 80°C |
| | Absetzgeschwindigkeit | | |
| min | cm/h | cm/h | cm/h |
|---|---|---|---|
| Kornklasse: 0,75–0 mm | | | |
| 2,5 | 42,0 | 48,0 | 52,5 |
| 5 | 43,9 | 49,1 | 52,5 |
| 10 | 33,0 | 37,8 | 50,2 |
| 20 | 26,2 | 38,3 | 33,8 |
| 30 | 21,8 | 23,6 | 26,7 |
| 40 | 19,0 | 20,1 | 23,2 |
| 50 | 17,2 | 18,8 | 19,8 |
| 60 | 15,7 | 17,5 | 18,7 |
| 80 | 13,3 | 14,8 | 16,8 |
| 100 | 10,8 | 11,4 | 12,6 |
| 120 | 9,3 | 11,0 | 11,9 |
| Kornklasse: 0,3–0 mm | | | |
| 2,5 | 21,7 | 27,3 | 30,4 |
| 5 | 20,9 | 27,3 | 30,0 |
| 10 | 18,7 | 22,5 | 29,0 |
| 20 | 15,3 | 20,7 | 25,5 |
| 30 | 14,0 | 18,4 | 24,3 |
| 40 | 13,3 | 17,9 | 20,8 |
| 50 | 12,0 | 13,5 | 19,7 |
| 60 | 10,8 | 12,7 | 16,2 |
| 80 | 9,4 | 12,0 | 13,8 |
| 100 | 8,9 | 11,3 | 12,2 |
| 120 | 7,4 | 8,0 | 10,3 |
| Kornklasse: 0,1–0 mm | | | |
| 2,5 | 12,2 | 16,5 | 22,5 |
| 5 | 12,5 | 16,5 | 22,5 |
| 10 | 11,5 | 13,6 | 20,8 |
| 20 | 10,5 | 12,0 | 17,9 |
| 30 | 9,0 | 12,4 | 16,2 |
| 40 | 8,0 | 11,3 | 14,8 |
| 50 | 7,3 | 9,6 | 13,0 |
| 60 | 6,8 | 8,4 | 11,9 |
| 80 | 5,9 | 7,8 | 8,6 |
| 100 | 5,1 | 6,5 | 7,9 |
| 120 | 4,9 | 5,7 | 7,0 |

Anlage 22  Absetzgeschwindigkeit des Feststoffs in einer Flotationstrübe ohne Reagenzien
und mit Reagenzien von 20 und 80° C
Feststoffgehalt der Trübe: 150 g/l
Flotationsaufgabe der Zeche Emil Mayrisch

| Zeit | Ohne Reagenz Absetzgeschwindigkeit | Reagenztemperatur 20° C | 80° C |
| --- | --- | --- | --- |
| min | cm/h | cm/h | cm/h |
| Flotationsmittel: Tecröl, 42 mg/l | | | |
| 2,5 | 28,5 | 40,7 | 45,3 |
| 5 | 28,5 | 39,0 | 43,4 |
| 10 | 25,9 | 37,9 | 41,8 |
| 20 | 22,3 | 32,1 | 38,3 |
| 30 | 19,2 | 30,6 | 35,0 |
| 40 | 16,9 | 25,2 | 32,5 |
| 50 | 14,7 | 22,2 | 29,8 |
| 60 | 12,6 | 20,9 | 27,6 |
| 80 | 9,1 | 16,7 | 23,1 |
| 100 | 5,7 | 11,3 | 17,4 |
| 120 | 2,8 | 7,5 | 13,9 |
| Flotationsmittel: Oktanol, 18 mg/l | | | |
| 2,5 | 28,5 | 30,6 | 36,1 |
| 5 | 28,5 | 30,0 | 34,6 |
| 10 | 25,9 | 28,3 | 33,4 |
| 20 | 22,3 | 25,7 | 30,4 |
| 30 | 19,2 | 22,5 | 28,7 |
| 40 | 16,9 | 21,6 | 25,2 |
| 50 | 14,7 | 19,1 | 23,0 |
| 60 | 12,6 | 16,2 | 21,6 |
| 80 | 9,1 | 12,3 | 17,5 |
| 100 | 5,7 | 8,0 | 12,3 |
| 120 | 2,8 | 5,4 | 9,1 |

Anlage 23   Mengenwirkungsgrad, Mengenausbringen und Aschegehalt der Konzentrate nach einer Flotationsdauer von 10 min
Versuchsgut: Flotationsaufgabe der Zeche Adolf unter 0,75 mm Aschegehalt 18,6%

| Feststoff-gehalt der Trübe | Reagenztemperatur 20°C | | | | Reagenztemperatur 80°C | | | | Reagenz, 3 s emulgiert, 20°C | | | |
|---|---|---|---|---|---|---|---|---|---|---|---|---|
| | Mengen-aus-bringen | Asche | Mengen-wirkungs-grad $\eta_H$ | Asche der Berge | Mengen-aus-bringen | Asche | Mengen-wirkungs-grad $\eta_H$ | Asche der Berge | Mengen-aus-bringen | Asche | Mengen-wirkungs-grad $\eta_H$ | Asche der Berge |
| Flotationsmittel: Steinkohlenteeröl 283 g/t | | | | | | | | | | | | |
| 75 | 74,1 | 4,7 | 92,1 | 58,3 | 72,2 | 5,7 | 94,0 | 51,8 | 82,8 | 7,6 | 96,1 | 71,5 |
| 150 | 79,4 | 6,5 | 94,6 | 65,3 | 83,0 | 7,0 | 96,4 | 71,0 | 87,0 | 10,9 | 97,3 | 70,0 |
| 300 | 73,0 | 5,0 | 90,7 | 55,4 | 79,7 | 7,5 | 93,0 | 62,0 | 85,2 | 12,5 | 94,8 | 53,2 |
| 450 | 64,7 | 4,8 | 81,0 | 46,5 | 76,5 | 7,1 | 90,2 | 56,1 | 83,4 | 11,4 | 92,9 | 55,5 |
| Flotationsmittel: Oktanol 120 g/t | | | | | | | | | | | | |
| 75 | 69,7 | 3,7 | 91,0 | 52,8 | 81,4 | 7,8 | 94,6 | 65,8 | 83,1 | 8,5 | 95,7 | 68,0 |
| 150 | 77,4 | 5,1 | 95,8 | 64,9 | 85,1 | 8,3 | 98,5 | 77,1 | 89,2 | 13,4 | 98,4 | 61,0 |
| 300 | 72,0 | 4,9 | 89,7 | 52,6 | 82,9 | 10,3 | 93,6 | 62,0 | 89,9 | 15,7 | 95,2 | 44,5 |
| 450 | 59,6 | 4,6 | 75,0 | 39,3 | 79,5 | 9,6 | 90,4 | 56,6 | 87,1 | 14,9 | 93,0 | 43,6 |

Anlage 24   Flotationsversuche mit Flotationsaufgabe der Zeche Adolf in verschiedenen Korn-
klassen
Flotationsmittel: Oktanol
Feststoffgehalt der Trübe: 150 g/l
Flotationszeit: 10 min
Aschegehalt: Kornklasse 0,75–0 mm: 18,6%
Kornklasse 0,3 –0 mm: 23,3%
Kornklasse 0,1 –0 mm: 29,5%
Versuchsdurchführung siehe Anlage 5

| Reagenz-zugabe | Reagenztemperatur 20°C | | Reagenztemperatur 80°C | | Spalte $\dfrac{4-2}{2}$ |
| | Mengen-ausbringen | Asche-gehalt | Mengen-ausbringen | Asche-gehalt | |
| g/l | Gew.-% | % | Gew.-% | % | = 100% |
| 1 | 2 | 3 | 4 | 5 | 6 |
| Kornklasse: 0,75–0 mm | | | | | |
| 36,0 | 24,9 | 1,5 | 35,7 | 2,5 | 45,0 |
| 60,0 | 48,9 | 2,1 | 60,4 | 3,3 | 20,8 |
| 84,0 | 62,9 | 3,1 | 72,2 | 4,2 | 14,8 |
| 120,0 | 78,6 | 6,3 | 85,7 | 8,5 | 9,0 |
| Kornklasse 0,3–0 mm | | | | | |
| 36,0 | 18,9 | 2,0 | 31,5 | 4,7 | 54,0 |
| 60,0 | 41,0 | 4,6 | 52,9 | 8,5 | 29,0 |
| 84,0 | 51,6 | 6,6 | 62,7 | 12,1 | 21,5 |
| 120,0 | 62,4 | 11,0 | 71,1 | 15,1 | 14,0 |
| Kornklasse: 0,1–0 mm | | | | | |
| 36,0 | 14,7 | 4,6 | 29,8 | 10,1 | 103,0 |
| 60,0 | 32,8 | 8,2 | 46,4 | 13,2 | 44,5 |
| 84,0 | 41,7 | 9,6 | 53,9 | 15,1 | 26,8 |
| 120,0 | 52,3 | 12,6 | 63,2 | 18,8 | 22,8 |

Anlage 25    Flotationsversuche mit Steinkohlenschlämmen von unterschiedlichem Kornaufbau und Aschegehalt in Abhängigkeit von der Oktanoltemperatur
Die Zahlenwerte sind den Anlagen 8 und 24 entnommen

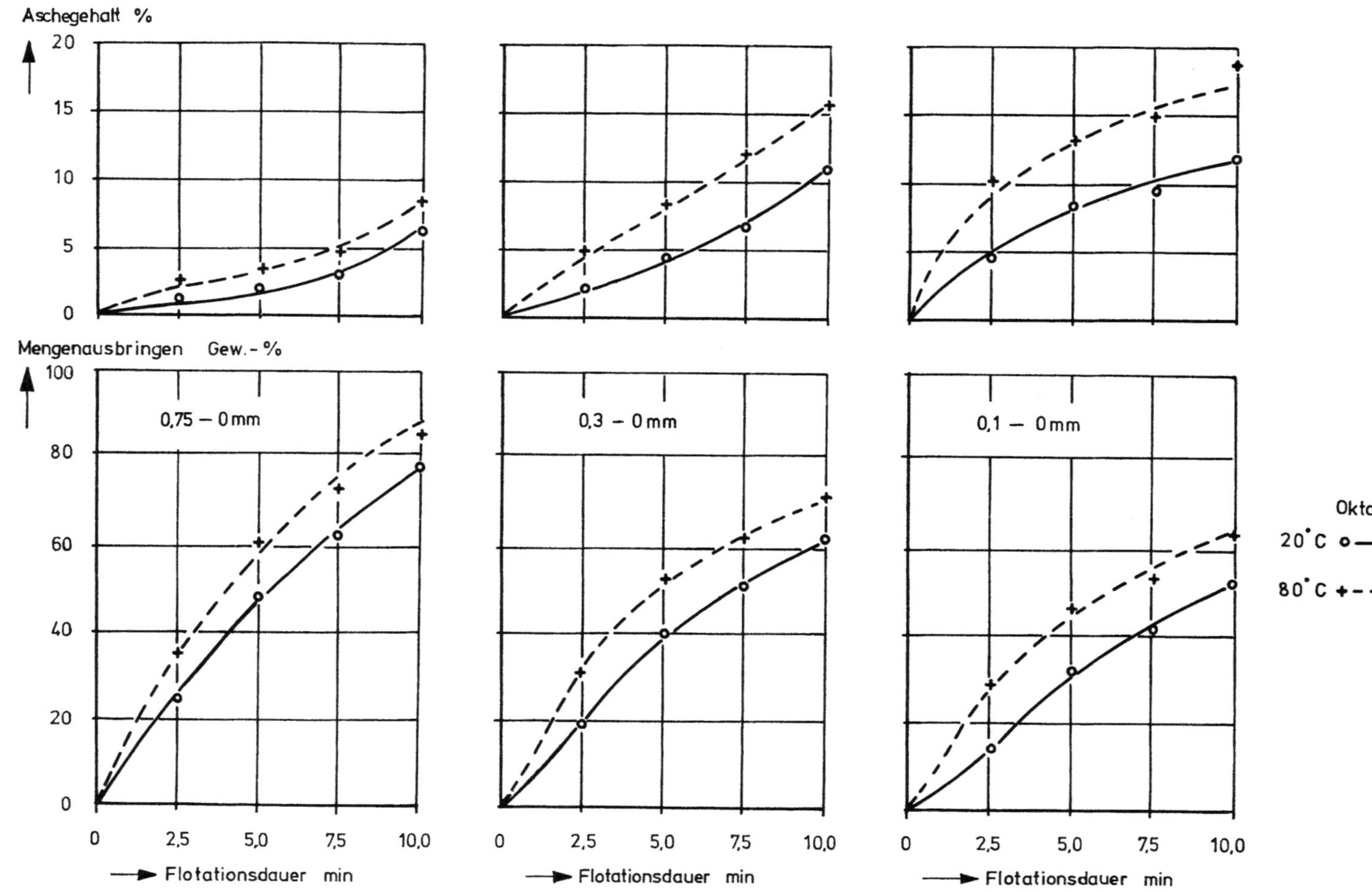

Anlage 26   Ergebnisse der Flotationsversuche bei steigender Zugabe von Äthanol und Butanol
Feststoffgehalt der Trübe: 150 g/l
Aschegehalt: 18,7%
Flotationsdauer: 10 min

| Reagenzzugabe | Mengenausbringen | | Aschegehalt | Mengen- | Aschegehalt |
| | Gew.-% | Anteile | | wirkungsgrad | der Berge |
| g/t | g | Gew.-% | % | % | % |
|---|---|---|---|---|---|
| **Äthanoltemperatur 20°C** | | | | | |
| 3 070 | 59 | 6,5 | 0,9 | 32,5 | 19,9 |
| 6 140 | 155 | 17,1 | 1,3 | 43,8 | 22,8 |
| 8 770 | 358 | 30,9 | 1,9 | 66,9 | 26,2 |
| 11 400 | 491 | 54,2 | 2,1 | 81,6 | 38,4 |
| 14 910 | 583 | 64,3 | 2,3 | 88,6 | 48,1 |
| 21 050 | 642 | 70,8 | 3,6 | 93,2 | 55,7 |
| **Äthanoltemperatur 60°C** | | | | | |
| 3 070 | 62 | 6,9 | 0,8 | 44,5 | 20,3 |
| 6 140 | 170 | 19,0 | 1,3 | 48,8 | 22,4 |
| 8 770 | 365 | 40,7 | 1,9 | 66,8 | 25,8 |
| 11 400 | 501 | 55,9 | 2,0 | 79,2 | 39,8 |
| 14 910 | 601 | 67,0 | 2,3 | 88,5 | 50,8 |
| 21 050 | 631 | 70,3 | 3,5 | 92,9 | 54,6 |
| **Butanoltemperatur 20°C** | | | | | |
| 31,6 | 80 | 8,9 | 0,9 | 44,5 | 20,4 |
| 63,2 | 215 | 23,8 | 1,4 | 55,4 | 24,0 |
| 110,5 | 378 | 41,9 | 1,8 | 74,8 | 30,9 |
| 157,8 | 526 | 58,3 | 2,7 | 82,9 | 41,0 |
| 205,1 | 617 | 68,4 | 3,7 | 89,6 | 51,2 |
| 299,9 | 760 | 83,3 | 9,5 | 96,4 | 65,2 |
| 363,1 | 786 | 86,4 | 10,7 | 97,2 | 69,8 |
| **Butanoltemperatur 80°C** | | | | | |
| 31,6 | 113 | 12,5 | 1,1 | 43,9 | 21,2 |
| 63,2 | 253 | 27,9 | 1,8 | 49,8 | 25,2 |
| 110,5 | 398 | 43,9 | 2,2 | 67,6 | 31,6 |
| 157,8 | 560 | 61,7 | 3,4 | 81,4 | 43,4 |
| 205,1 | 653 | 71,9 | 4,8 | 90,0 | 54,0 |
| 299,9 | 775 | 84,8 | 10,2 | 96,0 | 68,4 |
| 363,1 | 797 | 88,5 | 11,8 | 98,1 | 71,6 |

Anlage 27    Ergebnisse der Flotationsversuche bei steigender Zugabe von Oktanol und Stein-
kohlenteeröl
Feststoffgehalt der Trübe: 150 g/l
Aschegehalt: 18,7%
Flotationsdauer: 10 min

| Reagenzzugabe | Mengenausbringen | | Aschegehalt | Mengen-wirkungsgrad | Aschegehalt der Berge |
| | Gewicht | Anteile | | | |
| g/t | g | Gew.- | % | % | % |
|---|---|---|---|---|---|
| Oktanoltemperatur 20°C | | | | | |
| 12,0 | 21 | 3,3 | 0,8 | 21,3 | 19,3 |
| 36,0 | 225 | 24,9 | 1,5 | 53,6 | 24,4 |
| 60,0 | 442 | 48,9 | 2,1 | 77,6 | 34,6 |
| 84,0 | 568 | 62,9 | 3,1 | 85,7 | 54,1 |
| 120,0 | 710 | 78,6 | 6,3 | 94,0 | 64,2 |
| 180,0 | 797 | 86,5 | 11,6 | 96,4 | 65,1 |
| 240,0 | 817 | 87,7 | 11,8 | 97,6 | 67,5 |
| Oktanoltemperatur 80°C | | | | | |
| 12,0 | 95 | 10,5 | 1,2 | 31,8 | 20,6 |
| 36,0 | 323 | 35,7 | 2,7 | 45,1 | 27,6 |
| 60,0 | 547 | 60,4 | 3,5 | 80,0 | 40,8 |
| 84,0 | 654 | 72,2 | 4,5 | 91,3 | 55,5 |
| 120,0 | 776 | 85,0 | 9,0 | 98,8 | 71,7 |
| 180,0 | 812 | 88,8 | 12,1 | 98,1 | 73,5 |
| 240,0 | 818 | 89,6 | 13,0 | 98,7 | 75,3 |
| Teeröltemperatur 20°C | | | | | |
| 60,7 | 29 | 3,2 | 0,6 | 37,7 | 19,8 |
| 121,3 | 151 | 16,7 | 1,3 | 48,4 | 22,7 |
| 181,3 | 414 | 45,8 | 2,4 | 68,4 | 32,8 |
| 223,3 | 603 | 66,8 | 3,8 | 80,9 | 48,9 |
| 282,3 | 714 | 79,0 | 6,7 | 93,9 | 64,8 |
| 383,3 | 795 | 86,4 | 11,3 | 96,6 | 73,1 |
| Teeröltemperatur 80°C | | | | | |
| 60,6 | 106 | 11,7 | 1,9 | 18,1 | 21,4 |
| 121,3 | 222 | 24,5 | 2,7 | 34,8 | 23,9 |
| 181,3 | 496 | 54,7 | 3,5 | 72,5 | 38,4 |
| 223,3 | 644 | 70,8 | 4,6 | 91,2 | 53,0 |
| 282,9 | 748 | 82,5 | 7,0 | 97,5 | 71,0 |
| 383,2 | 796 | 88,2 | 12,4 | 98,1 | 76,4 |

Anlage 28   Flotationsversuche mit steigender Zugabe von Oktanol bei 20 und 80°C
Die Zahlenwerte sind der Anlage 27 entnommen


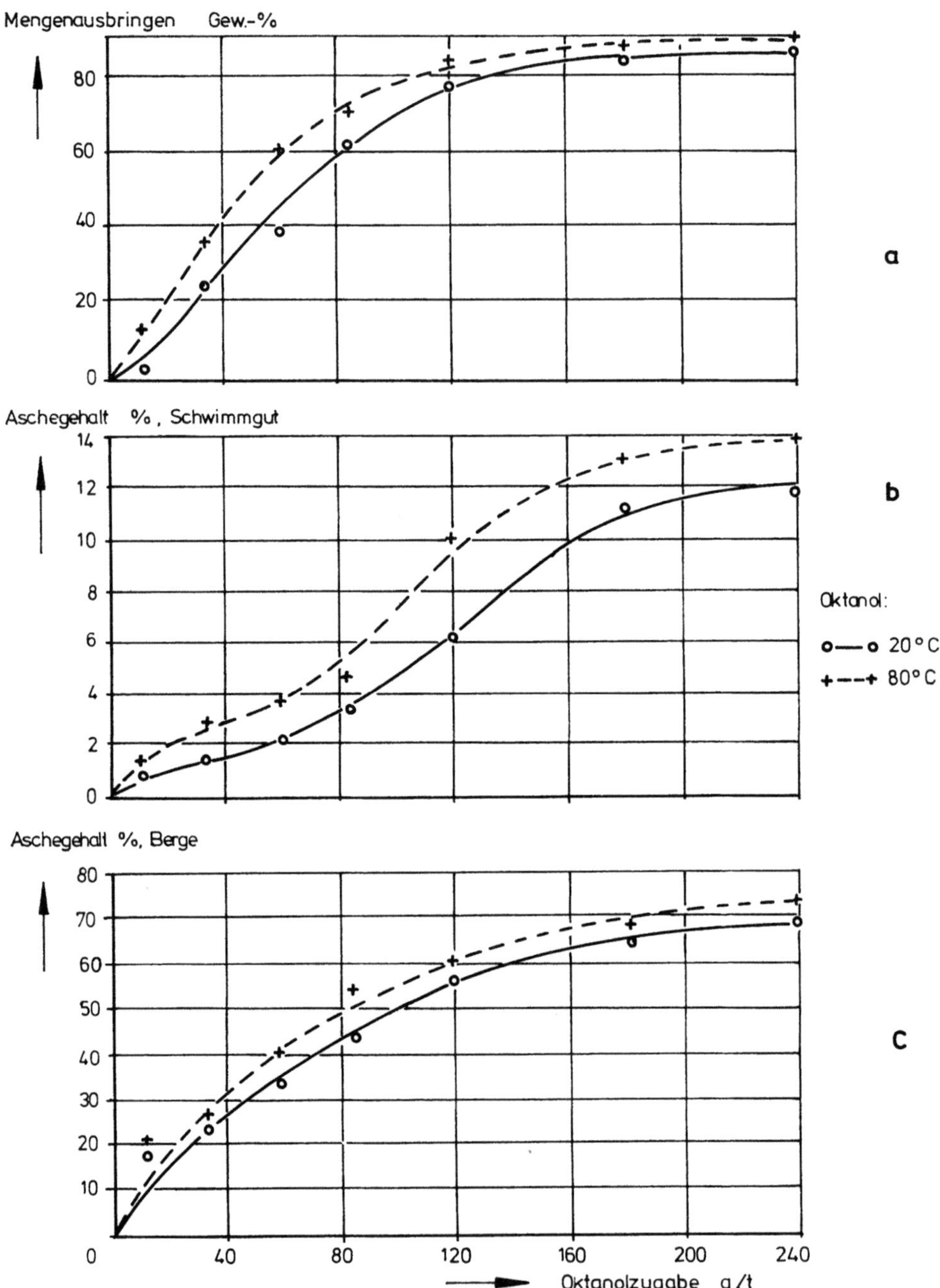

Mengenausbringen    Gew.-%
80
60
40
20
0
a
Aschegehalt   %, Schwimmgut
14
12
10
8
6
4
2
0
b
Oktanol:
o—o 20°C
+--+ 80°C
Aschegehalt %, Berge
80
70
60
50
40
30
20
10
0
40
80
120
160
200
240
Oktanolzugabe  g/t
c

Anlage 29  Ergebnisse der Flotationsversuche mit verschiedener Umfangsgeschwindigkeit des Rührers
Versuchsdurchführung siehe Anlage 5

| Rührer-drehzahl | Umfangs-geschwindig-keit | Reagenztemperaturen 20°C | | 80°C | | Spalte 5 minus Spalte 3 | Reagenztemperaturen 20°C | | 80°C | | Spalte 10 minus Spalte 8 |
| | | Mengen-aus-bringen | mittl. Asche-gehalt | Mengen-aus-bringen | mittl. Asche-gehalt | | Mengen-aus-bringen | mittl. Asche-gehalt | Mengen-aus-bringen | mittl. Asche-gehalt | |
| | m/s | Gew.-% | % | Gew.-% | % | Gew.-% | Gew.-% | % | Gew.-% | % | Gew.-% |
|---|---|---|---|---|---|---|---|---|---|---|---|
| 1 | 2 | 3 | 4 | 5 | 6 | 7 | 8 | 9 | 10 | 11 | 12 |
| | | Äthanol 14,9 kg/t* | | | | | Oktanol 120 g/t | | | | |
| 1140 | 6,3 | 64,9 | 3,0 | 65,2 | 2,9 | +0,3 | 79,4 | 6,1 | 87,3 | 9,6 | +7,9 |
| 1000 | 5,5 | 63,7 | 3,0 | 63,2 | 2,8 | —0,5 | 78,2 | 5,9 | 81,5 | 6,9 | +3,3 |
| 900 | 4,9 | 62,0 | 2,6 | 62,7 | 2,8 | +0,7 | 76,2 | 5,1 | 75,6 | 5,2 | —0,6 |
| 700 | 3,8 | 57,7 | 2,5 | 58,1 | 2,4 | +0,4 | 68,6 | 3,8 | 69,0 | 3,7 | +0,4 |
| 500 | 2,7 | 52,3 | 2,3 | 51,6 | 2,3 | —0,7 | 55,4 | 2,3 | 54,9 | 2,3 | —0,5 |
| | | Butanol 205 g/t | | | | | Teeröl 283 g/t | | | | |
| 1140 | 6,3 | 68,9 | 4,0 | 73,4 | 4,9 | +4,5 | 78,4 | 5,8 | 83,0 | 6,7 | +4,6 |
| 1000 | 5,5 | 63,7 | 3,4 | 66,1 | 3,9 | +2,4 | 76,6 | 5,2 | 78,7 | 6,0 | +1,1 |
| 900 | 4,9 | 59,2 | 2,5 | 60,5 | 2,5 | +1,3 | 72,7 | 4,6 | 73,4 | 4,6 | +0,7 |
| 700 | 3,8 | 52,2 | 2,1 | 51,4 | 2,0 | —0,8 | 66,4 | 3,7 | 66,0 | 3,5 | —0,2 |
| 500 | 2,7 | 43,5 | 1,7 | 43,8 | 1,7 | +0,3 | 59,2 | 3,1 | 58,6 | 3,1 | —0,6 |

* Die Versuche wurden bei einer Äthanoltemperatur von 20 und 60°C durchgeführt.

Anlage 30　Ergebnisse der Flotationsversuche in Zellen unterschiedlicher Bauart
Flotationszeit: 2,5 min
Versuchsgut: Schlamm der Zeche Adolf
Feststoffgehalt der Trübe: 150 g/l
Aschegehalt des Feststoffs: 18,6%
Versuchsdurchführung siehe Anlage 5

| Reagenz-temperatur | Minerals-Separation-Zelle | | | Denver-Zelle | | |
|---|---|---|---|---|---|---|
| | Mengen-ausbringen | Asche-gehalt | Mengen-wirkungs-grad $\eta_H$ | Mengen-ausbringen | Asche-gehalt | Mengen-wirkungs-grad $\eta_H$ |
| °C | Gew.-% | % | % | Gew.-% | % | % |
| Äthanol | | | | | | |
| 20 | 17,1 | 1,5 | 36,8 | 19,3 | 1,6 | 38,6 |
| 40 | 16,9 | 1,6 | 33,8 | 20,0 | 1,4 | 46,5 |
| 60 | 19,0 | 1,5 | 40,7 | 19,1 | 1,4 | 44,4 |
| Butanol | | | | | | |
| 20 | 23,8 | 1,4 | 55,4 | 25,8 | 1,7 | 48,2 |
| 40 | 25,7 | 1,7 | 48,1 | 24,9 | 1,6 | 49,7 |
| 60 | 26,0 | 1,7 | 48,6 | 25,4 | 1,5 | 54,6 |
| 80 | 27,9 | 2,0 | 45,7 | 25,2 | 1,7 | 47,0 |
| Oktanol | | | | | | |
| 20 | 24,9 | 1,6 | 49,7 | 28,3 | 1,5 | 60,8 |
| 40 | 28,8 | 1,7 | 55,6 | 28,5 | 1,5 | 61,4 |
| 60 | 32,6 | 2,0 | 53,6 | 28,0 | 1,8 | 50,0 |
| 80 | 37,7 | 2,7 | 53,9 | 28,8 | 1,6 | 57,6 |
| Teeröl | | | | | | |
| 20 | 16,7 | 1,4 | 38,8 | 19,4 | 1,4 | 45,1 |
| 40 | 18,0 | 1,7 | 33,6 | 19,8 | 1,6 | 39,6 |
| 60 | 19,0 | 2,0 | 31,2 | 18,8 | 1,6 | 37,6 |
| 80 | 24,5 | 2,6 | 35,1 | 19,6 | 1,5 | 42,2 |

Anlage 31 Ergebnisse der Flotationsversuche in Zellen unterschiedlicher Bauart
Flotationszeit: 10 min
Versuchsgut: Schlamm der Zeche Adolf
Feststoffgehalt der Trübe: 150 g/l
Aschegehalt des Feststoffs: 18,6%
Versuchsdurchführung siehe Anlage 5

| Reagenz-temperatur | Minerals-Separation-Zelle | | | Denver-Zelle | | |
| | Mengen-ausbringen | Asche-gehalt | Mengen-wirkungs-grad $\eta_H$ | Mengen-ausbringen | Asche-gehalt | Mengen-wirkungs-grad $\eta_H$ |
| °C | Gew.-% | % | % | Gew.-% | % | % |
| --- | --- | --- | --- | --- | --- | --- |
| Äthanol | | | | | | |
| 20 | 64,3 | 2,9 | 88,5 | 67,8 | 2,8 | 95,1 |
| 40 | 64,7 | 3,2 | 87,5 | 67,2 | 3,0 | 92,7 |
| 60 | 67,0 | 3,2 | 90,5 | 67,3 | 3,0 | 87,6 |
| Butanol | | | | | | |
| 20 | 68,4 | 3,7 | 89,5 | 69,3 | 3,6 | 91,1 |
| 40 | 69,6 | 3,9 | 90,4 | 68,8 | 3,6 | 90,5 |
| 60 | 69,6 | 3,9 | 90,7 | 69,5 | 3,7 | 91,2 |
| 80 | 71,9 | 4,4 | 91,4 | 69,2 | 3,5 | 91,8 |
| Oktanol | | | | | | |
| 20 | 78,6 | 5,4 | 96,6 | 82,6 | 7,3 | 96,8 |
| 40 | 80,5 | 5,8 | 97,3 | 83,0 | 7,6 | 96,6 |
| 60 | 82,9 | 7,2 | 97,3 | 82,5 | 7,5 | 96,0 |
| 80 | 85,7 | 8,9 | 98,4 | 83,1 | 7,6 | 97,1 |
| Teeröl | | | | | | |
| 20 | 79,0 | 6,1 | 95,0 | 80,1 | 6,0 | 96,4 |
| 40 | 79,9 | 6,4 | 95,2 | 79,9 | 6,1 | 95,2 |
| 60 | 80,3 | 6,2 | 96,4 | 79,4 | 5,9 | 96,0 |
| 80 | 82,5 | 7,8 | 96,9 | 79,4 | 6,2 | 95,6 |

Anlage 32  Ergebnisse der Flotationsversuche mit erwärmten Reagenzien und in erwärmter
Trübe
Versuchsdurchführung siehe Anlage 5

| Reagenz-temperatur | Trübe-temperatur | Schwimmgut Mengen-ausbringen | Asche-gehalt | Mengen-wirkungs-grad $\eta_H$ | Berge Mengen-ausbringen | Asche-gehalt |
|---|---|---|---|---|---|---|
| °C | °C | Gew.-% | % | % | Gew.-% | % |
| Äthanol | | | | | | |
| 20 | 20 | 66,0 | 2,4 | 97,1 | 34,0 | 47,3 |
| 20 | 40 | 66,8 | 3,0 | 92,2 | 33,2 | 46,9 |
| 20 | 60 | 58,7 | 2,6 | 84,4 | 41,3 | 39,8 |
| 20 | 70 | 53,1 | 2,2 | 81,9 | 46,9 | 35,8 |
| 60 | 20 | 66,2 | 2,7 | 94,6 | 33,8 | 48,7 |
| 60 | 60 | 57,5 | 2,8 | 81,3 | 42,5 | 38,1 |
| Butanol | | | | | | |
| 20 | 20 | 67,0 | 3,4 | 89,4 | 33,0 | 46,6 |
| 20 | 40 | 70,8 | 4,9 | 88,2 | 29,2 | 49,6 |
| 20 | 60 | 68,3 | 5,2 | 84,3 | 31,7 | 49,5 |
| 20 | 70 | 54,3 | 2,9 | 75,6 | 45,7 | 36,7 |
| 80 | 20 | 70,6 | 4,4 | 89,8 | 29,4 | 50,0 |
| 80 | 70 | 56,7 | 3,3 | 78,2 | 43,3 | 37,8 |
| Oktanol | | | | | | |
| 0 | 20 | 68,7 | 3,5 | 91,0 | 31,3 | 49,5 |
| 0 | 70 | 59,8 | 2,6 | 86,0 | 40,2 | 40,3 |
| 20 | 20 | 77,5 | 6,1 | 93,2 | 22,5 | 63,6 |
| 20 | 40 | 83,1 | 9,0 | 95,2 | 16,9 | 67,1 |
| 20 | 60 | 71,6 | 4,8 | 89,7 | 28,4 | 54,3 |
| 20 | 70 | 62,3 | 3,5 | 82,5 | 37,7 | 42,8 |
| 80 | 20 | 82,0 | 8,2 | 94,8 | 18,0 | 75,1 |
| 80 | 70 | 63,9 | 4,0 | 82,4 | 36,1 | 44,7 |
| Teeröl | | | | | | |
| 20 | 20 | 77,9 | 5,9 | 94,1 | 22,1 | 63,4 |
| 20 | 40 | 76,3 | 5,6 | 93,0 | 23,7 | 58,2 |
| 20 | 60 | 74,5 | 5,3 | 91,0 | 25,5 | 53,1 |
| 20 | 70 | 71,0 | 4,9 | 87,3 | 29,0 | 49,8 |
| 80 | 20 | 81,9 | 7,0 | 96,4 | 18,1 | 69,0 |
| 80 | 70 | 71,9 | 5,1 | 89,0 | 28,1 | 53,6 |

Anlage 33  Ergebnisse der Flotationsversuche mit unterschiedlich lange emulgiertem Butanol, Oktanol und Teeröl
Versuchsgut: Rohschlamm der Zeche Adolf
Feststoffgehalt der Trübe: 150 g/l
Emulsionstemperatur: 20°C
Aschegehalt des Feststoffs: 18,6%
Versuchsdurchführung siehe Anlage 5

| Erzeugnis | Butanol | | Oktanol | | Teeröl | |
|---|---|---|---|---|---|---|
| | Mengen-ausbringen Gew.-% | Asche-gehalt % | Mengen-ausbringen Gew.-% | Asche-gehalt % | Mengen-ausbringen Gew.-% | Asche-gehalt % |
| **Emulgierdauer 0 s** | | | | | | |
| Konzentrat 1 | 24,6 | 1,4 | 23,1 | 1,4 | 15,9 | 1,2 |
| Konzentrat 2 | 16,2 | 2,2 | 24,4 | 2,8 | 26,8 | 2,6 |
| Konzentrat 3 | 18,1 | 5,6 | 13,3 | 6,2 | 23,6 | 6,3 |
| Konzentrat 4 | 8,3 | 9,4 | 16,7 | 16,5 | 11,9 | 20,7 |
| Berge | 32,8 | 50,4 | 22,5 | 63,5 | 22,7 | 61,4 |
| **Emulgierdauer 1 s** | | | | | | |
| Konzentrat 1 | 30,9 | 2,0 | 41,8 | 3,4 | 26,9 | 2,9 |
| Konzentrat 2 | 20,8 | 4,0 | 22,0 | 6,3 | 29,7 | 5,0 |
| Konzentrat 3 | 13,9 | 8,9 | 12,6 | 13,4 | 19,0 | 10,4 |
| Konzentrat 4 | 8,8 | 16,8 | 11,5 | 43,5 | 7,6 | 29,7 |
| Berge | 25,6 | 57,5 | 12,1 | 76,4 | 16,8 | 72,6 |
| **Emulgierdauer 3 s** | | | | | | |
| Konzentrat 1 | 30,2 | 2,1 | 40,2 | 3,4 | 29,1 | 3,0 |
| Konzentrat 2 | 22,4 | 4,2 | 22,1 | 6,2 | 29,6 | 5,2 |
| Konzentrat 3 | 13,2 | 8,2 | 13,0 | 11,3 | 17,5 | 12,0 |
| Konzentrat 4 | 8,1 | 16,9 | 10,8 | 39,8 | 9,4 | 30,2 |
| Berge | 26,1 | 59,7 | 13,9 | 74,4 | 14,4 | 77,2 |
| **Emulgierdauer 10 s** | | | | | | |
| Konzentrat 1 | 31,4 | 1,9 | 42,3 | 3,5 | 28,7 | 3,1 |
| Konzentrat 2 | 20,2 | 4,7 | 19,7 | 6,7 | 27,6 | 4,9 |
| Konzentrat 3 | 15,0 | 6,8 | 15,3 | 13,0 | 18,2 | 10,5 |
| Konzentrat 4 | 8,3 | 21,2 | 9,4 | 43,5 | 10,3 | 30,9 |
| Berge | 25,1 | 57,9 | 13,3 | 72,8 | 15,3 | 75,1 |

Anlage 34   Ergebnisse der Flotationsversuche mit 3 s lang emulgiertem Butanol und Teeröl
bei unterschiedlichen Emulsionstemperaturen
Feststoffgehalt der Trübe: 150 g/l
Versuchsgut: Rohschlamm der Zeche Adolf
Aschegehalt des Feststoffs: 18,6%

| Erzeugnis | Mengenausbringen Anteile | | Aschegehalt | | Organ. Ausbringen | Mengenwirkungsgrad $\eta_H$ |
| | einzeln Gew.-% | addiert Gew.-% | einzeln % | mittlerer % | bringen Gew.-% | grad $\eta_H$ % |
|---|---|---|---|---|---|---|
| Temperatur der Emulsion 20°C, Butanol | | | | | | |
| Konzentrat 1 | 30,7 | 30,7 | 2,0 | 2,0 | 37,0 | 50,4 |
| Konzentrat 2 | 22,0 | 52,7 | 4,3 | 3,0 | 25,9 | 72,8 |
| Konzentrat 3 | 14,7 | 67,4 | 0,8 | 4,1 | 16,6 | 86,6 |
| Konzentrat 4 | 8,8 | 76,2 | 18,7 | 5,7 | 8,8 | 92,5 |
| Berge | 23,8 | 100,0 | 60,1 | 18,7 | 11,7 | 100,0 |
| Temperatur der Emulsion 80°C, Butanol | | | | | | |
| Konzentrat 1 | 29,5 | 29,5 | 2,1 | 2,1 | 35,8 | 46,8 |
| Konzentrat 2 | 21,2 | 50,7 | 4,3 | 3,0 | 25,1 | 70,0 |
| Konzentrat 3 | 14,7 | 65,4 | 7,4 | 4,0 | 16,9 | 84,4 |
| Konzentrat 4 | 9,4 | 74,8 | 19,2 | 5,9 | 9,4 | 90,5 |
| Berge | 25,2 | 100,0 | 59,0 | 13,9 | 12,8 | 100,0 |
| Temperatur der Emulsion 20°C, Teeröl | | | | | | |
| Konzentrat 1 | 28,3 | 28,3 | 3,2 | 3,2 | 33,6 | 38,3 |
| Konzentrat 2 | 29,7 | 58,0 | 5,0 | 4,8 | 34,6 | 72,4 |
| Konzentrat 3 | 17,3 | 75,3 | 12,3 | 6,0 | 18,6 | 90,6 |
| Konzentrat 4 | 11,8 | 86,1 | 32,1 | 9,6 | 9,8 | 98,1 |
| Berge | 12,9 | 100,0 | 78,3 | 18,4 | 3,4 | 100,0 |
| Temperatur der Emulsion 80°C, Teeröl | | | | | | |
| Konzentrat 1 | 29,7 | 29,7 | 3,2 | 3,2 | 35,0 | 40,1 |
| Konzentrat 2 | 30,3 | 60,0 | 5,8 | 4,5 | 34,9 | 75,8 |
| Konzentrat 3 | 17,2 | 77,2 | 13,0 | 6,3 | 18,3 | 92,5 |
| Konzentrat 4 | 10,0 | 87,2 | 35,8 | 9,8 | 7,9 | 98,8 |
| Berge | 12,8 | 100,0 | 74,8 | 18,1 | 3,9 | 100,0 |

Anlage 35   Ergebnisse der Flotationsversuche mit 3 s lang emulgiertem Oktanol bei unter-
schiedlichen Emulsionstemperaturen
Versuchsgut: Rohschlamm der Zeche Adolf
Feststoffgehalt der Trübe: 150 g/l
Aschegehalt des Feststoffs: 18,6%
Versuchsdurchführung siehe Anlage 5

| Erzeugnis | Mengenausbringen Anteile | | Aschegehalt | | Organ. Ausbringen | Mengenwirkungsgrad $\eta_H$ |
| | einzeln Gew.-% | addiert Gew.-% | einzeln % | mittlerer % | Gew.-% | % |
|---|---|---|---|---|---|---|
| **Temperatur der Emulsion 20°C** | | | | | | |
| Konzentrat 1 | 45,7 | 45,7 | 3,6 | 3,6 | 54,1 | 60,1 |
| Konzentrat 2 | 18,8 | 64,5 | 7,1 | 4,6 | 21,4 | 81,3 |
| Konzentrat 3 | 12,7 | 76,9 | 16,0 | 6,5 | 13,1 | 91,8 |
| Konzentrat 4 | 10,8 | 87,7 | 47,1 | 11,5 | 7,0 | 98,1 |
| Berge | 12,3 | 100,0 | 71,0 | 18,7 | 4,4 | 100,0 |
| Summe | 100,0 | | | | 100,0 | |
| **Temperatur der Emulsion 40°C** | | | | | | |
| Konzentrat 1 | 44,9 | 44,9 | 3,2 | 3,2 | 53,3 | 60,6 |
| Konzentrat 2 | 19,7 | 64,6 | 5,0 | 3,7 | 23,0 | 84,6 |
| Konzentrat 3 | 12,8 | 77,4 | 16,3 | 6,1 | 13,2 | 92,9 |
| Konzentrat 4 | 10,6 | 88,0 | 49,6 | 11,6 | 6,6 | 98,4 |
| Berge | 12,0 | 100,0 | 73,4 | 18,8 | 3,9 | 100,0 |
| Summe | 100,0 | | | | 100,0 | |
| **Temperatur der Emulsion 60°C** | | | | | | |
| Konzentrat 1 | 43,7 | 43,7 | 3,6 | 3,6 | 52,2 | 57,6 |
| Konzentrat 2 | 20,4 | 64,1 | 5,9 | 4,4 | 23,8 | 81,5 |
| Konzentrat 3 | 12,0 | 76,1 | 15,2 | 6,1 | 12,6 | 91,6 |
| Konzentrat 4 | 10,0 | 86,1 | 48,3 | 11,0 | 6,4 | 96,7 |
| Berge | 13,9 | 100,0 | 70,3 | 19,1 | 5,0 | 100,0 |
| Summe | 100,0 | | | | 100,0 | |
| **Temperatur der Emulsion 80°C** | | | | | | |
| Konzentrat 1 | 43,8 | 43,8 | 3,4 | 3,4 | 52,0 | 58,4 |
| Konzentrat 2 | 18,9 | 62,7 | 6,1 | 4,2 | 21,8 | 80,3 |
| Konzentrat 3 | 13,9 | 76,6 | 15,5 | 6,4 | 14,5 | 91,5 |
| Konzentrat 4 | 10,8 | 87,4 | 48,7 | 11,6 | 6,8 | 97,8 |
| Berge | 12,6 | 100,0 | 68,6 | 18,8 | 4,9 | 100,0 |
| Summe | 100,0 | | | | 100,0 | |

Anlage 36 Ergebnisse der Flotationsversuche mit einer wäßrigen Butanollösung von 20°C
und mit tropfenweise zugegebenem Butanol von 20 bzw. 80°C
Versuchsgut: Rohschlamm der Zeche Adolf
Feststoffgehalt der Trübe: 150 g/l
Aschegehalt des Feststoffs: 18,6%
Versuchsdurchführung siehe Anlage 5

| Erzeugnis | Mengenausbringen Anteile | | Aschegehalt | | Organ. Aus- | Mengenwirkungsgrad .C |
|---|---|---|---|---|---|---|
| | einzeln Gew.-% | addiert Gew.-% | einzeln % | mittlerer % | bringen Gew.-% | % |
| **Reagenztemperatur 20°C** | | | | | | |
| Konzentrat 1 | 23,8 | 23,8 | 1,4 | 1,4 | 28,7 | 55,4 |
| Konzentrat 2 | 18,1 | 41,9 | 2,3 | 1,8 | 21,7 | 74,8 |
| Konzentrat 3 | 16,4 | 58,3 | 5,0 | 2,7 | 19,1 | 63,0 |
| Konzentrat 4 | 10,1 | 68,4 | 9,5 | 3,7 | 11,2 | 89,6 |
| Berge | 31,6 | 100,0 | 50,1 | 18,3 | 19,3 | 100,0 |
| Summe | 100,0 | | | | 100,0 | |
| **Reagenztemperatur 80°C** | | | | | | |
| Konzentrat 1 | 27,9 | 27,9 | 1,8 | 1,8 | 33,6 | 49,8 |
| Konzentrat 2 | 16,0 | 43,9 | 2,9 | 2,2 | 19,1 | 67,6 |
| Konzentrat 3 | 17,8 | 61,7 | 6,4 | 3,4 | 20,5 | 81,4 |
| Konzentrat 4 | 10,2 | 71,9 | 13,3 | 4,8 | 10,8 | 90,2 |
| Berge | 28,1 | 100,0 | 53,7 | 18,5 | 16,0 | 100,0 |
| Summe | 100,0 | | | | 100,0 | |
| **Reagenz in Wasser gelöst** | | | | | | |
| Konzentrat 1 | 32,6 | 32,6 | 2,2 | 2,2 | 38,8 | 51,1 |
| Konzentrat 2 | 18,6 | 51,2 | 4,1 | 2,1 | 21,6 | 81,4 |
| Konzentrat 3 | 15,1 | 66,3 | 8,3 | 4,1 | 16,8 | 85,3 |
| Konzentrat 4 | 9,4 | 75,7 | 18,8 | 5,9 | 9,3 | 92,3 |
| Berge | 24,3 | 100,0 | 54,5 | 17,7 | 13,5 | 100,0 |
| Summe | 100,0 | | | | 100,0 | |

Anlage 37   Mengenausbringen und Aschegehalt der Flotationskonzentrate bei Zugabe von Reagenzien in wäßriger Lösung und tropfenweise in Abhängigkeit von der Flotationsdauer

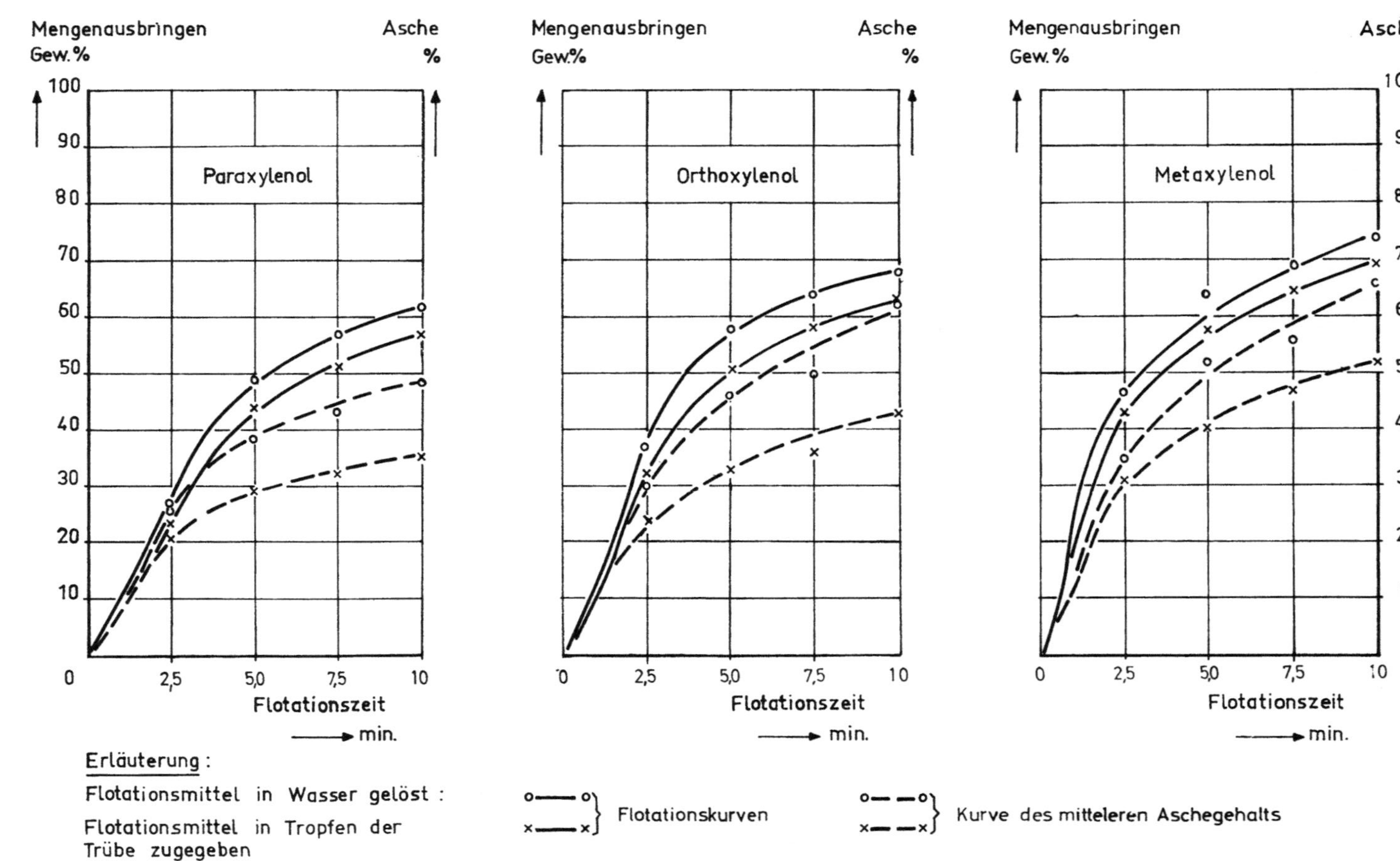

Anlage 38   Durchmesser von Flotationsmitteltröpfchen in Abhängigkeit von Temperatur und
Rührerdrehzahl
Einer Rührerdrehzahl von 1500 U/min entspricht eine Umfangsgeschwindigkeit
des Rührers von 2,4 m/s; 2400 U/min entsprechen 3,7 m/s

| Reagenztemperatur °C | Rührerdrehzahl U/min | | Emulgierdauer 3 s |
| --- | --- | --- | --- |
| | 1500 | 2400 | |
| | Mittlerer Tropfendurchmesser μ | | |
| Oktanol | | | |
| 20 | 15,9 | 13,8 | 6,6 |
| 40 | 16,8 | 10,2 | 6,3 |
| 60 | 16,7 | 9,9 | 5,0 |
| 80 | 15,8 | 9,1 | 5,2 |
| Teeröl | | | |
| 20 | 24,0 | 17,3 | 9,3 |
| 40 | 23,6 | 14,6 | 9,5 |
| 60 | 21,9 | 13,2 | 9,2 |
| 80 | 21,3 | 10,9 | 9,2 |

Anlage 39    Herabsetzung der Oberflächenspannung von Wasser/Luft in Abhängigkeit von der
Zugabemenge und der Temperatur der Reagenzien

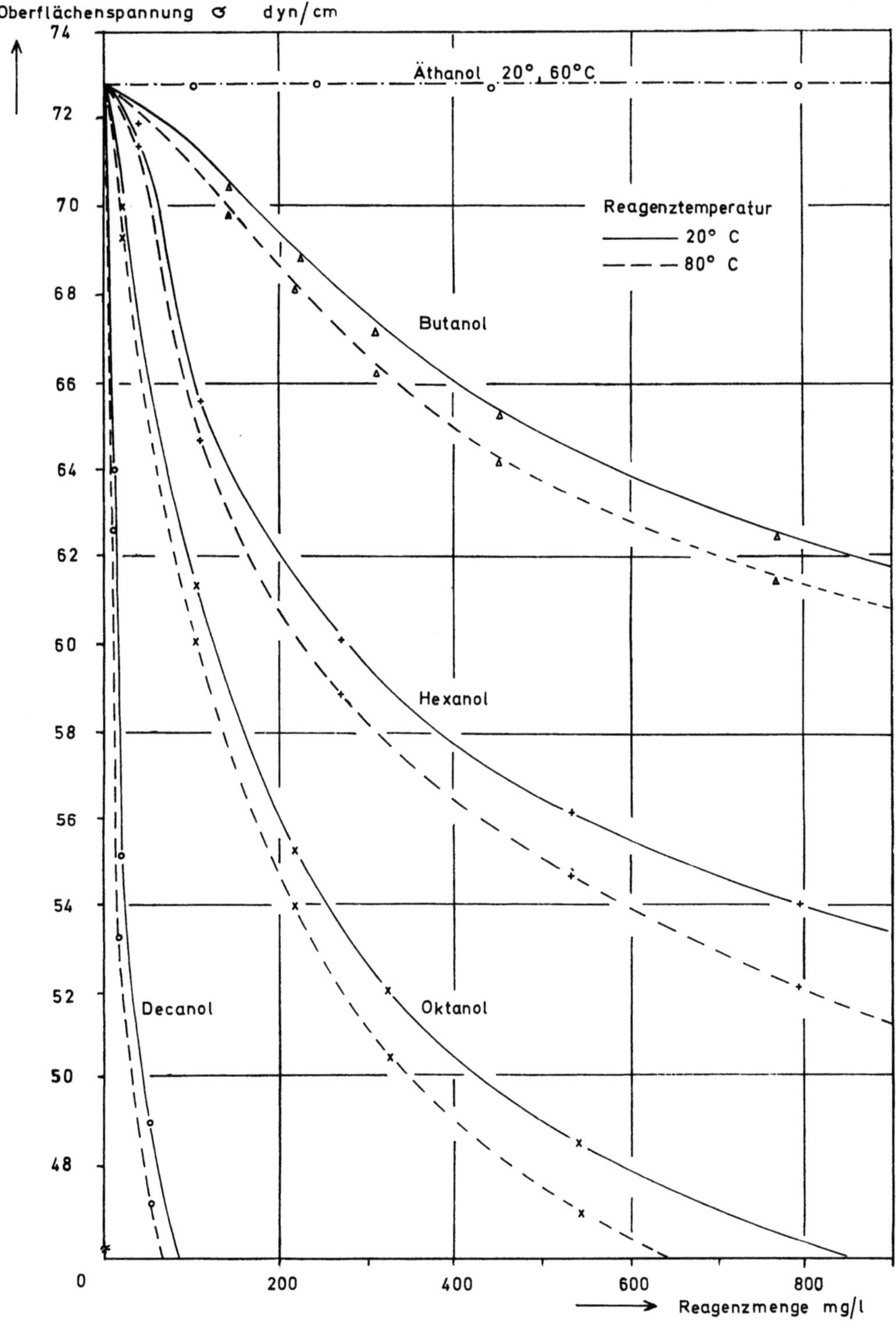

Anlage 40  Herabsetzung der Oberflächenspannung von Wasser/Luft in Abhängigkeit von der
Zugabemenge und der Temperatur der Reagenzien

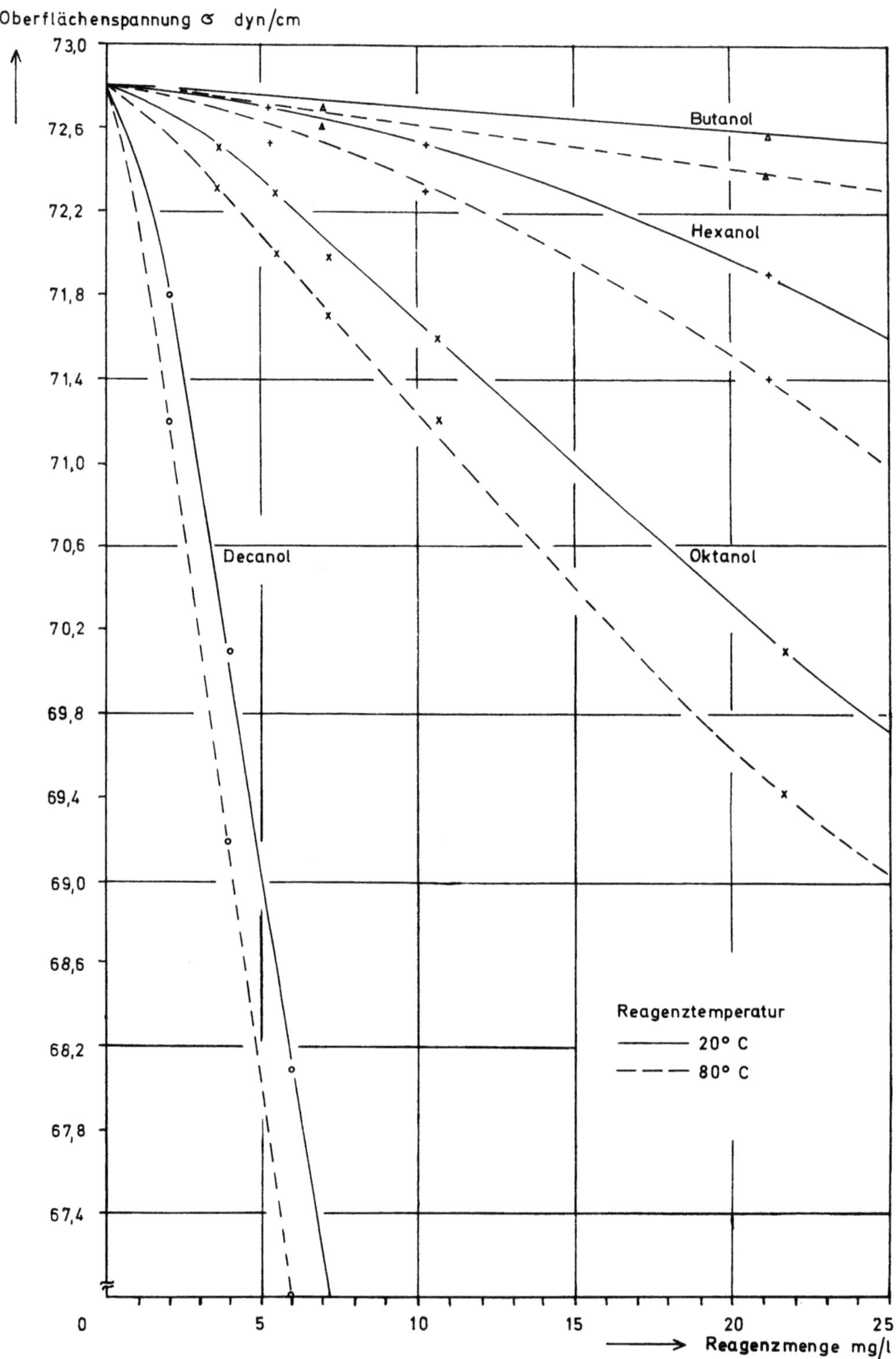

Anlage 41   Oberflächenspannung von Wasser-Oktanol-Gemischen mit und ohne Feststoff
Aschegehalt des Feststoffs 18,6%

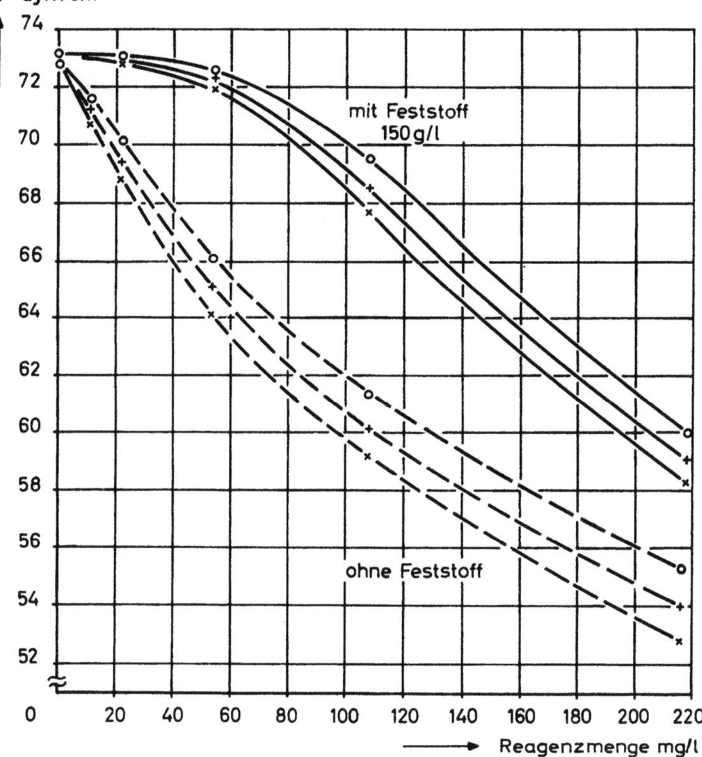

Anlage 42  Oberflächenspannung von Wasser-Reagenz-Gemischen in Abhängigkeit von dem Aschegehalt des Feststoffs und der Erwärmung bzw. Zerteilung der Flotationsmittel

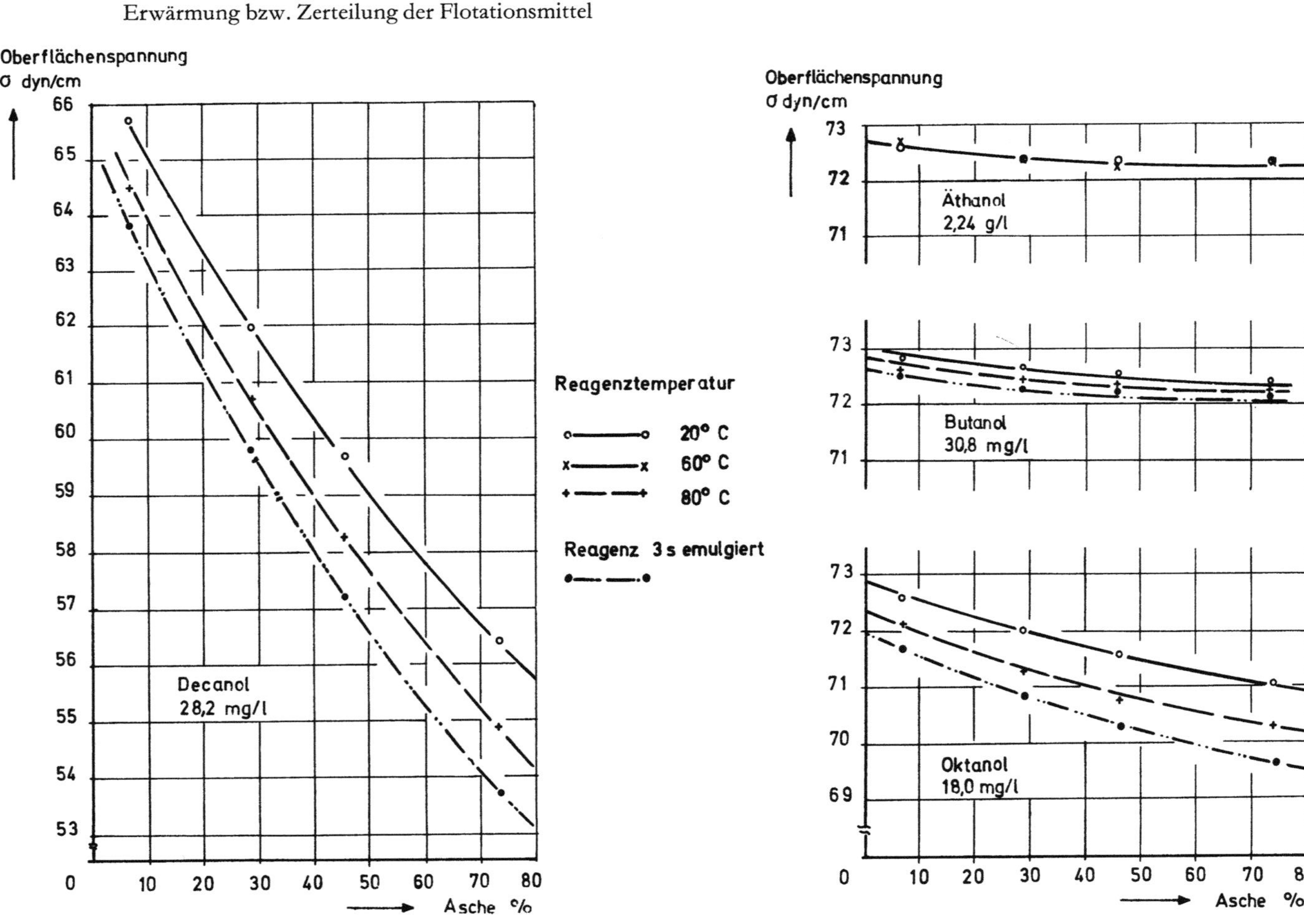

Anlage 43   Oberflächenspannung in Trüben mit unterschiedlicher Feststoffoberfläche je Liter Trübe Oktanol 18 mg/l

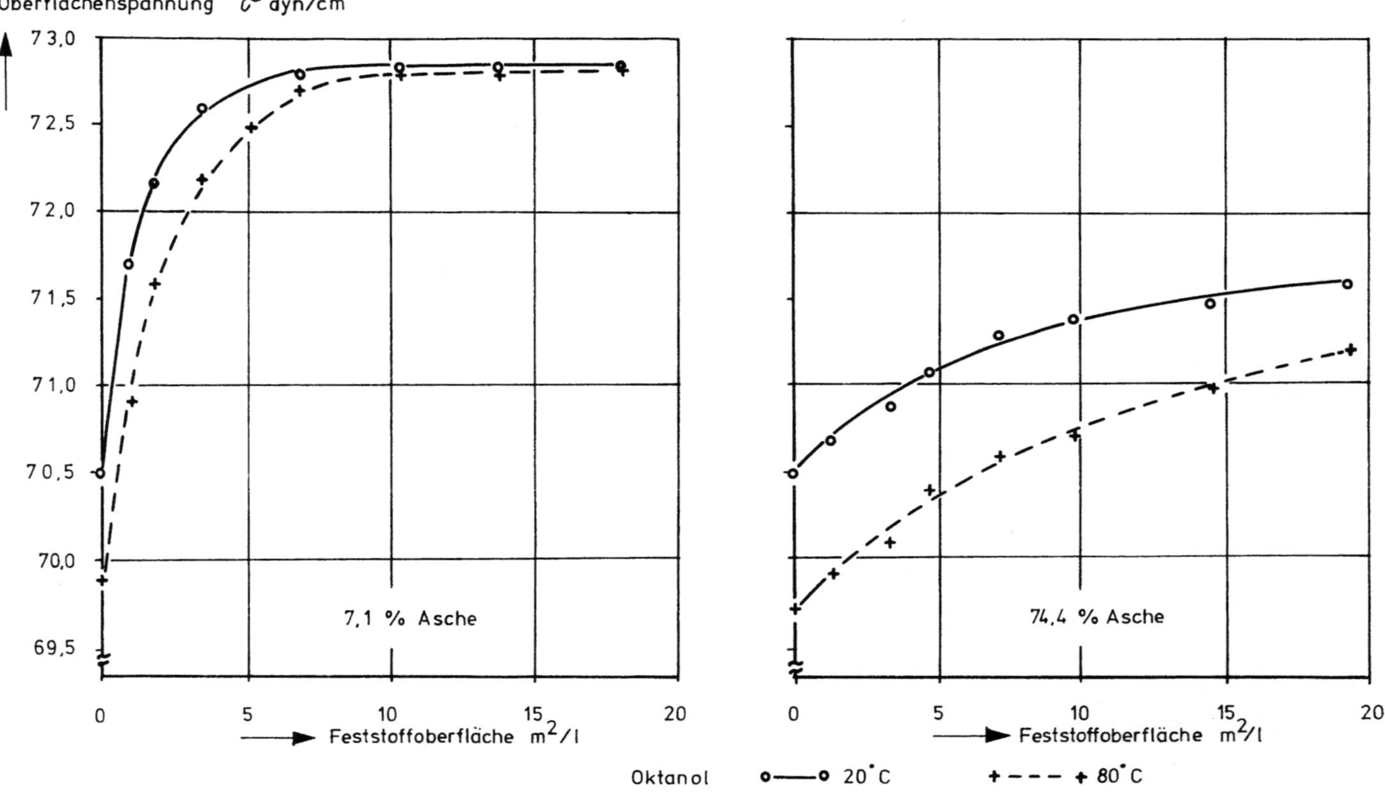

Anlage 44   Adsorption von Oktanol an Feststoffoberflächen in Abhängigkeit von der Oktanolzugabe und seiner Erwärmung bzw. Zerteilung

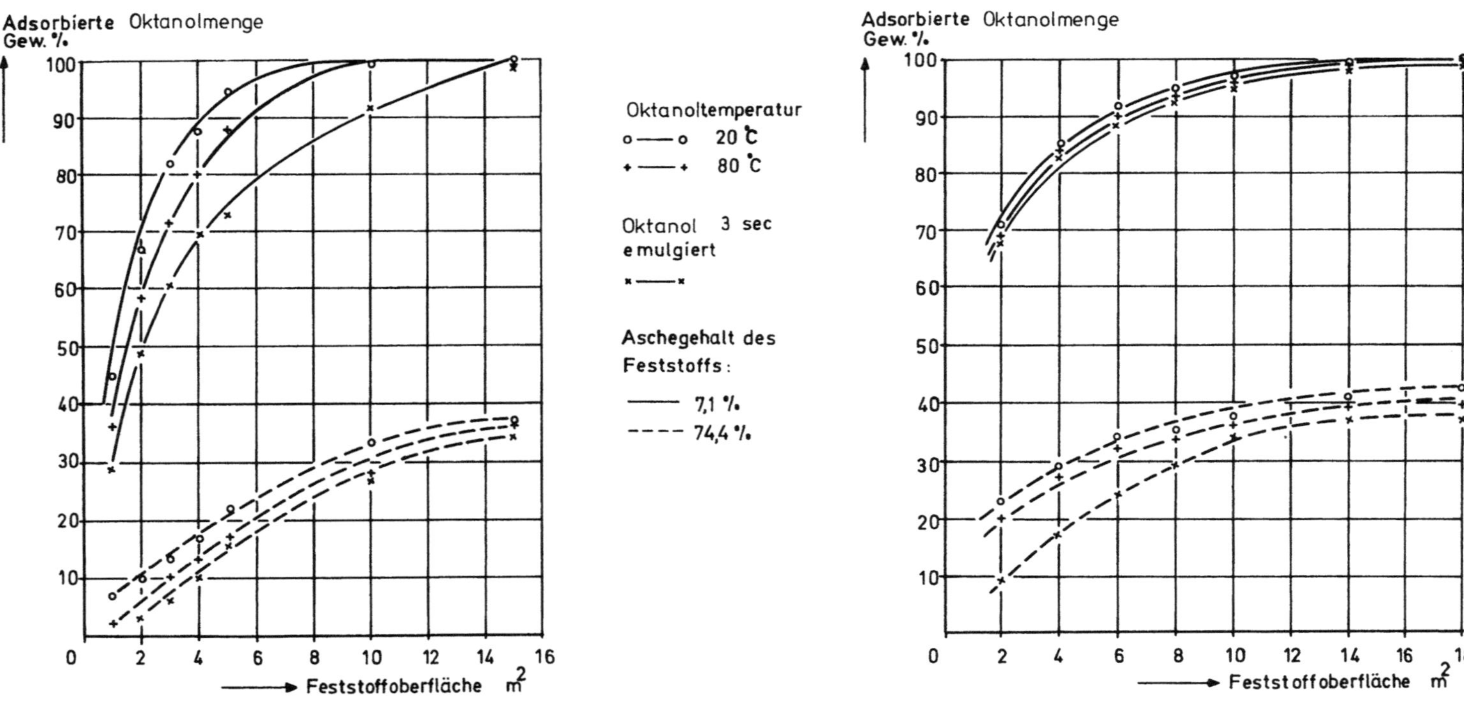

Anlage 45   Adsorption von Zusatzmitteln an Feststoffoberflächen in einer Flotationstrübe in
Abhängigkeit von der Erwärmung und der Emulgierung der Reagenzien
Flotationsmittel: Oktanol 18 mg/l
Feststoffoberfläche: 3,4 m²/l

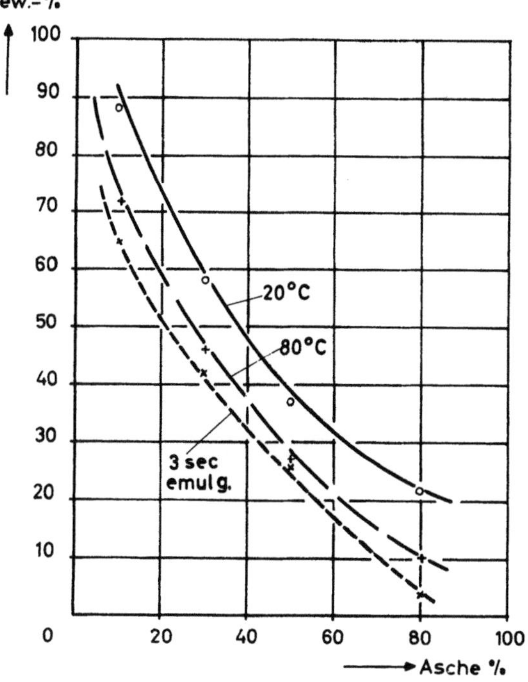



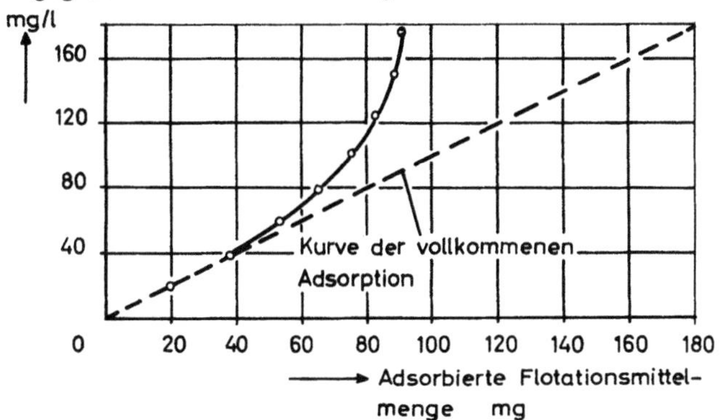



| Aschegehalt des Feststoffs % | Reagenztemperatur 20°C | | 80°C | | Reagenz 3 s emulgiert | |
|---|---|---|---|---|---|---|
| | adsorbierte Flotationsmittelmenge | | | | | |
| | mg | Gew.-% | mg | Gew.-% | mg | Gew.-% |
| 10 | 15,8 | 87,8 | 13,0 | 72,3 | 11,6 | 64,5 |
| 30 | 10,4 | 57,8 | 8,3 | 46,1 | 7,5 | 41,6 |
| 50 | 6,7 | 37,2 | 4,8 | 26,7 | 4,7 | 26,1 |
| 80 | 4,0 | 22,2 | 1,8 | 10,0 | 0,6 | 3,3 |

Anlage 46 Oberflächenspannung von Schaumblase/Luft nach dem Blasenmeßverfahren
Reagenz: Oktanol
Aschegehalt des Feststoffs: 18,6%

| Reagenzmenge | Ohne Feststoff | | | | Mit Feststoff 150 g/l | | | |
| --- | --- | --- | --- | --- | --- | --- | --- | --- |
| | Überdruck $P$ | Blasen-halbmesser | Oberflächen-spannung | Lamellen-dicke | Überdruck $P$ | Blasen-halbmesser | Oberflächen-spannung | Lamellen-dicke |
| mg/l | cm/WS | mm | dyn/cm | $\mu$ | mm/WS | mm | dyn/cm | $\mu$ |
| **Reagenztemperatur 20°C** | | | | | | | | |
| 10,8 | 2,76 | 10,7 | 72,4 | 40 | 2,72 | 10,4 | 70,6 | 43 |
| 21,6 | 2,74 | 10,7 | 71,9 | 40 | 2,51 | 10,9 | 68,4 | 39 |
| 54,0 | 2,59 | 11,0 | 69,9 | 38 | 2,77 | 11,5 | 65,2 | 35 |
| 108,0 | 2,27 | 11,8 | 65,7 | 33 | 2,08 | 11,7 | 61,7 | 34 |
| 216,0 | 2,01 | 12,3 | 60,7 | 31 | 1,91 | 11,7 | 56,0 | 34 |
| 324,0 | 1,79 | 13,1 | 57,6 | 27 | 1,69 | 12,7 | 53,6 | 28 |
| **Reagenztemperatur 80°C** | | | | | | | | |
| 10,8 | 2,49 | 11,5 | 71,5 | 35 | 2,58 | 10,7 | 69,1 | 40 |
| 21,6 | 2,30 | 11,8 | 70,7 | 33 | 2,50 | 10,7 | 66,9 | 40 |
| 54,0 | 2,20 | 12,4 | 68,2 | 30 | 2,23 | 11,4 | 63,5 | 36 |
| 108,0 | 1,99 | 12,8 | 63,7 | 28 | 1,96 | 12,1 | 59,4 | 32 |
| 216,0 | 1,59 | 14,5 | 58,7 | 22 | 1,72 | 12,4 | 53,2 | 30 |
| 324,0 | 1,44 | 15,2 | 54,8 | 20 | 1,54 | 12,7 | 48,9 | 28 |
| **Reagenz 3 s emulgiert** | | | | | | | | |
| 10,8 | 2,40 | 11,8 | 70,7 | 33 | 2,47 | 10,9 | 67,3 | 39 |
| 21,6 | 2,37 | 11,8 | 70,7 | 33 | 2,36 | 11,0 | 64,9 | 38 |
| 54,0 | 2,24 | 12,7 | 67,7 | 29 | 2,06 | 11,9 | 61,2 | 33 |
| 108,0 | 1,90 | 13,1 | 62,3 | 27 | 1,90 | 12,1 | 57,3 | 32 |
| 216,0 | 1,55 | 14,5 | 56,1 | 22 | 1,51 | 13,1 | 49,4 | 27 |
| 324,0 | 1,41 | 15,2 | 53,6 | 20 | 1,38 | 13,3 | 46,0 | 26 |

Anlage 47  Oberflächenspannung $\sigma$ von Schaumblasen/Luft in Abhängigkeit vom Aschegehalt des Feststoffs der Trübe
Feststoffgehalt der Trübe: 150 g/l

| Asche-gehalt | Oktanoltemperatur | Über-druck $P$ | Blasen-halbmesser | Ober-flächen-spannung | Lamellen-dicke |
|---|---|---|---|---|---|
| % | °C | mm/WS | mm | $\sigma$ dyn/cm | $\mu$ |
| Oktanolzugabe 21,6 mg/l | | | | | |
| 7,1 | 20 | 2,50 | 10,9 | 68,2 | 39 |
| 7,1 | 80 | 2,42 | 11,0 | 66,5 | 38 |
| 7,1 | 20, 3 s emulgiert | 2,22 | 12,2 | 64,7 | 31 |
| 28,9 | 20 | 2,52 | 10,9 | 68,7 | 39 |
| 28,9 | 80 | 2,44 | 11,0 | 67,1 | 38 |
| 28,9 | 20, 3 s emulgiert | 2,26 | 11,5 | 65,0 | 35 |
| 46,1 | 20 | 2,59 | 10,6 | 68,7 | 41 |
| 46,1 | 80 | 2,45 | 11,0 | 67,5 | 38 |
| 46,1 | 20, 3 s emulgiert | 2,35 | 11,2 | 65,9 | 37 |
| 74,4 | 20 | 2,63 | 10,5 | 69,1 | 42 |
| 74,4 | 80 | 2,56 | 10,6 | 67,3 | 41 |
| 74,4 | 20, 3 s emulgiert | 2,48 | 10,7 | 66,4 | 40 |
| Oktanolzugabe 216,0 mg/l | | | | | |
| 7,1 | 20 | 1,80 | 12,4 | 55,8 | 30 |
| 7,1 | 80 | 1,66 | 12,6 | 52,4 | 29 |
| 7,1 | 20, 3 s emulgiert | 1,46 | 13,3 | 48,6 | 26 |
| 28,9 | 20 | 1,87 | 12,2 | 57,0 | 31 |
| 28,9 | 80 | 1,72 | 12,6 | 54,1 | 29 |
| 28,9 | 20, 3 s emulgiert | 1,59 | 12,7 | 50,5 | 28 |
| 46,1 | 20 | 1,94 | 11,9 | 57,6 | 33 |
| 46,1 | 80 | 1,78 | 12,4 | 55,1 | 30 |
| 46,1 | 20, 3 s emulgiert | 1,63 | 12,7 | 51,7 | 28 |
| 74,4 | 20 | 2,04 | 11,5 | 58,6 | 35 |
| 74,4 | 80 | 1,79 | 12,6 | 56,4 | 29 |
| 74,4 | 20, 3 s emulgiert | 1,73 | 12,4 | 53,6 | 30 |

 Lebensdauer einer Schaumblase mit und ohne Feststoffbeladung in Abhängigkeit
von der Oktanoltemperatur und der Emulgierung
Aschegehalt des Feststoffs: 18,6%

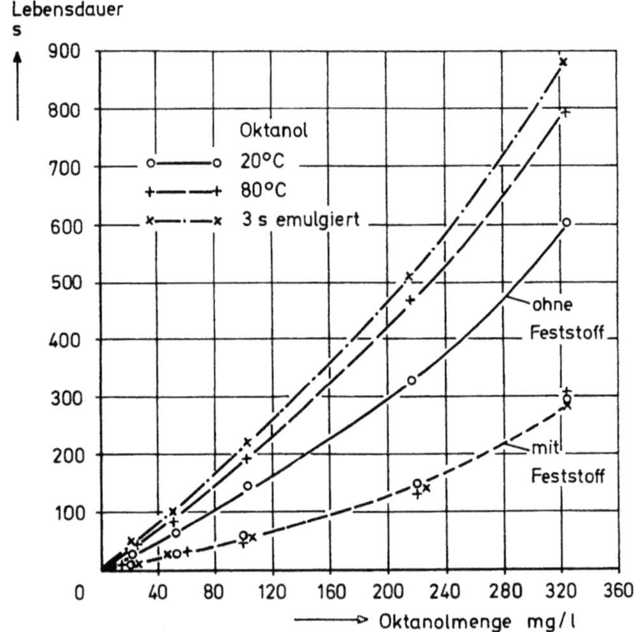


| Oktanolmenge | Ohne Feststoff | | | Mit Feststoff | | |
| | Temperatur | | 3 s emulgiert | Temperatur | | 3 s emulgiert |
| | 20°C | 80°C | 20°C | 20°C | 80°C | 20°C |
| | Lebensdauer | | | Lebensdauer | | |
| mg/l | s | s | s | s | s | s |
|---|---|---|---|---|---|---|
| 10,8 | 17 | 21 | 21 | 6 | 6 | 5 |
| 21,6 | 30 | 37 | 39 | 10 | 8 | 11 |
| 54,0 | 66 | 81 | 85 | 30 | 32 | 32 |
| 108,0 | 142 | 174 | 183 | 63 | 60 | 61 |
| 216,0 | 330 | 410 | 420 | 150 | 139 | 141 |
| 324,0 | 605 | 745 | 776 | 294 | 307 | 282 |

Anlage 49 Lebensdauer des feststofffreien Schaums
Flotationsmittel: Oktanol

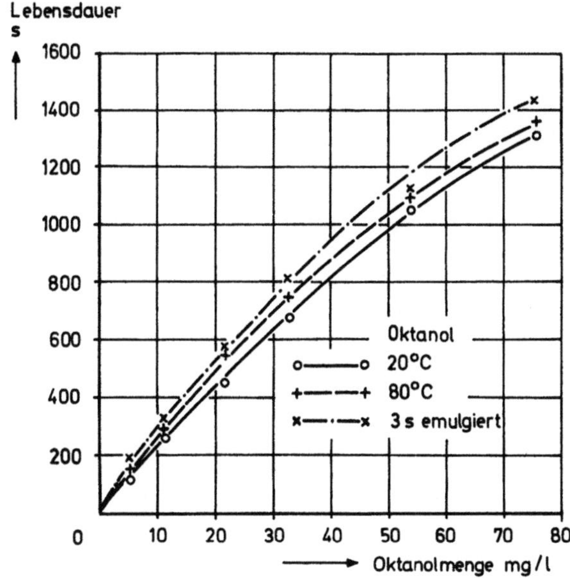


| Oktanolmenge | Temperatur 20°C Lebensdauer | 80°C | 3 s emulgiert 20°C |
|---|---|---|---|
| mg/l | s | s | s |
| 5,4 | 120 | 165 | 170 |
| 10,8 | 265 | 350 | 375 |
| 21,6 | 450 | 600 | 630 |
| 32,4 | 675 | 860 | 955 |
| 54,0 | 1040 | 1395 | 1500 |
| 75,6 | 1310 | 1715 | 1795 |
| 108,0 | 1590 | 2120 | 2215 |
| 216,0 | 2410 | 3290 | 3380 |
| 324,0 | 2645 | 3460 | 3675 |

# Forschungsberichte
# des Landes Nordrhein-Westfalen

Herausgegeben im Auftrage des Ministerpräsidenten Heinz Kühn
und des Ministers für Wissenschaft und Forschung Johannes Rau
von Leo Brandt

## Sachgruppenverzeichnis

### Acetylen · Schweißtechnik

Acetylene · Welding gracitice
Acétylène · Technique du soudage
Acetileno · Técnica de la soldadura
Ацетилен и техника сварки

### Arbeitswissenschaft

Labor science
Science du travail
Trabajo científico
Вопросы трудового процесса

### Bau · Steine · Erden

Constructure · Construction material ·
Soil research
Construction  Matériaux de construction ·
Recherche souterraine
La construcción · Materiales de construcción ·
Reconocimiento del suelo
Строительство и строительные материалы

### Bergbau

Mining
Exploitation des mines
Minería
Горное дело

### Biologie

Biology
Biologie
Biologia
Биология

### Chemie

Chemistry
Chimie
Quimica
Химия

### Druck · Farbe · Papier · Photographie

Printing · Color · Paper · Photography
Imprimerie · Couleur · Papier · Photographie
Artes gráficas · Color · Papel · Fotografía
Типография· Краски· Бумага · Фотография

### Eisenverarbeitende Industrie

Metal working industry
Industrie du fer
Industria del hierro
Металлообрабатывающая промышленность

### Elektrotechnik · Optik

Electrotechnology · Optics
Electrotechnique · Optique
Electrotécnica · Optica
Электротехника и оптика

### Energiewirtschaft

Power economy
Energie
Energía
Энергетическое хозяйство

### Fahrzeugbau · Gasmotoren

Vehicle construction · Engines
Construction de véhicules · Moteurs
Construcción de vehículos · Motores
Производство транспортных средств

### Fertigung

Fabrication
Fabrication
Fabricación
Производство

### Funktechnik · Astronomie

Radio engineering · Astronomy
Radiotechnique · Astronomie
Radiotécnica · Astronomía
Радиотехника и астрономия

## Gaswirtschaft

Gas economy
Gaz
Gas
Газовое хозяйство

## Holzbearbeitung

Wood working
Travail du bois
Trabajo de la madera
Деревообработка

## Hüttenwesen · Werkstoffkunde

Metallurgy · Materials research
Métallurgie · Matériaux
Metalurgia · Materiales
Металлургия и материаловедение

## Kunststoffe

Plastics
Plastiques
Plásticos
Пластмассы

## Luftfahrt · Flugwissenschaft

Aeronautics · Aviation
Aéronautique · Aviation
Aeronáutica · Aviación
Авиация

## Luftreinhaltung

Air-cleaning
Purification de l'air
Purificación del aire
Очищение воздуха

## Maschinenbau

Machinery
Construction mécanique
Construcción de máquinas
Машиностроительство

## Mathematik

Mathematics
Mathématiques
Matemáticas
Математика

## Medizin · Pharmakologie

Medicine · Pharmacology
Médecine · Pharmacologie
Medicina · Farmacología
Медицина и фармакология

## NE-Metalle

Non-ferrous metal
Metal non ferreux
Metal no ferroso
Цветные металлы

## Physik

Physics
Physique
Física
Физика

## Rationalisierung

Rationalizing
Rationalisation
Racionalización
Рационализация

## Schall · Ultraschall

Sound · Ultrasonics
Son · Ultra-son
Sonido · Ultrasónico
Звук и ультразвук

## Schiffahrt

Navigation
Navigation
Navegación
Судоходство

## Textilforschung

Textile research
Textiles
Textil
Вопросы текстильной промышленности

## Turbinen

Turbines
Turbines
Turbinas
Турбины

## Verkehr

Traffic
Trafic
Tráfico
Транспорт

## Wirtschaftswissenschaften

Political economy
Economie politique
Ciencias económicas
Экономические науки

Einzelverzeichnis der Sachgruppen bitte anfordern

 Westdeutscher Verlag · Opladen

567 Opladen/Rhld., Ophovener Straße 1–3, Postfach 1620

If you have any concerns about our products,
you can contact us on
ProductSafety@springernature.com

In case Publisher is established outside the EU,
the EU authorized representative is:
**Springer Nature Customer Service Center GmbH**
**Europaplatz 3, 69115 Heidelberg, Germany**

Printed by Libri Plureos GmbH
in Hamburg, Germany